中学生からの大学講義 3

科学は未来をひらく

桐光学園＋ちくまプリマー新書編集部・編

JN259708

★――ちくまプリマー新書

228

「今こそ、学ぶのだ！」宣言

ちくまプリマー新書は、「プリマー（primer（名詞）：入門書）」の名の通り、ベーシックなテーマを、初歩から普遍的に説き起こしていくことを旨とするレーベルです。学生の皆さんは元より、「学びたい」と考えるすべての人を応援しています。

このたび、桐光学園と共同で〈中学生からの大学講義〉という小さなシリーズを編みました。「どうすれば大学に入れるか」のガイドは世間に溢れています。でも「大学で何を学べるのか」についての良質なアドバイスはまだまだ少ない。そこで、知の最前線でご活躍の先生方を迎え、大学でなされているクオリティのままに、「学問」を紹介する講義をしていただき、さらに、それらを本に編みました。各々の講義はコンパクトで、わかりやすい上に、大変示唆に富み、知的好奇心をかきたてるものとなっています。

本シリーズの各巻はテーマ別の構成になっています。これらを通して読めば、「学問の今」を知っていただけるでしょうし、同時に正解のない問いに直面した時こそ必要な〝考える力〟を育むヒントにもなると思います。変化の激しい時代を生き抜くために、今こそ学ぶのだ！

ちくまプリマー新書編集部

挿画　南伸坊

目次 ＊ Contents

科学の二つの顔

村上陽一郎

むらかみ・よういちろう
一九三六年東京都生まれ。東京大学大学院人文科学研究科比較文学・比較文化専攻博士課程修了ののち、東京大学教養学部教授、国際基督教大学教授を経て、両大学名誉教授、東洋英和女学院大学学長を二〇一四年に退任。七三年に第一回哲学奨励山崎賞、八五年に第三九回毎日出版文化賞受賞。著書に、『科学・技術の二〇〇〇年をたどりなおす』（NTT出版、二〇〇八年）、『人間にとって科学とは何か』（新潮選書、二〇一〇年）など。

〝science（サイエンス）〟のホントの姿

皆さんは「科学」の本当の意味を知っていますか？

こんなことを聞くと、ちょっと変な感じがするかもしれない。でもそれでいいんです。これはまた最後に改めてお話しすることですが、「科学」を科学的観点から眺めただけでは、わからないことがたくさんある。さまざまな角度から見て初めてわかる側面があるんです。

今日、この授業で私がお話ししたいのは、現在の「科学」が持っている二つの顔についてですが。それにはまず、「科学」という言葉がたどってきた道のりをさかのぼることから始めてみましょう。

もともと「科学」という言葉はどういう意味だったか？

この答えは非常にシンプルです。まさしく「いろいろな**科**に分かれている**学**問」ということにほかならない。

実はこれは和語なんですね。誰が使い始めたかはいまだに明確にはわかっていないんです。けれど、明治一四年頃に出版された『哲学字彙』という書物の中には、すでにscience（サイエンス）の訳語として「科学」という言葉が出てくる。この書物はヨーロッパ語と日本語の対訳、いわば皆さんが使っておられる英和辞典のようなもので、この中に出てくるということは、その言葉がすでに世の中に定着していたことを意味するんです。

では、science（サイエンス）とはそもそも何なのか。

これは、かつてヨーロッパを中心に普及していた、ラテン語のscientia（スキエンティア）という抽象名詞に端を発しているんです。このscientiaが、フランス語のなかに入ってscience（スィアーンス）という言葉に転じ、その後スペルは全く同じまま一四世紀頃に英語のなかに入って、science（サイエンス）という言葉になった。これがscience（サイエンス）の語の始まりだといわれているんです。

じゃあ、そのscientiaってどういう意味なのかというと、これは「知る」という動詞、scio（スキオ）という単語の抽象名詞化されたもの。したがって「知ること」あるいは「知られたこと」、つまり「知識」という意味になります。ちなみに「自然科学」という意味なんて、まったくそこにはありません。

そのscientiaからscienceという言葉が生まれてきた。要するに、長らく英語の世界では、scienceといえば「知識」だったんです。

だったら、science という言葉はいつから「自然科学」という意味を持つようになったのか？　これについて調べていくと、非常に面白いことがわかってくる。

scientist（サイエンティスト）――科学をやる人、つまり「科学者」のことですが、この言葉、実はかなり新しいものなんです。一八四〇年頃にウィリアム・ヒューエル（William Whewell、一七九四～一八六六）というイギリス人がつくった言葉で、それまでは存在しない新造語だった。

たとえば、皆さんもよくご存知のアイザック・ニュートン（Isaac Newton、一六四二～一七二七）。彼のことは、いまや誰もが「科学者」だと思ってるはず。ところが、彼は生涯、一度も scientist と呼ばれたことがないんです。いったい何と呼ばれていたと思いますか？――ずばり philosopher（フィロソファー）。現代の日本語訳に従えば「哲学者」です。

とはいえ、当時の philosopher は、いまの私たちが理解しているような「哲学者」の姿とはだいぶ性格が異なっていた。これが science の謎を解く手がかりになってきます。

“scientist（サイエンティスト）”は汚い言葉？

先に挙げたウィリアム・ヒューエル、彼と同じ一九世紀に生きた科学者の中にトマス・ハクスリー（Thomas Huxley、一八二五～九五）という人物がいました。この人は『進化論』で有名なチャールズ・ダーウィン（Charles Darwin、一八〇九～八二）の親友だったといわれていて、本人も偉大な生物学者だった。いってみれば、一九世紀における学問の大家のような人物。そのハクスリーが、ヒューエルのつくり出したscientistという言葉を初めて聞いたとき、いったいなんと言ったか。

What an ugly word!――すなわち、「なんて汚い言葉だ！」。その後がまたひどい、「こんな汚い言葉をつくったのは無学文盲のアメリカ人に違いない」と言った（笑）。彼は「英語のルールをちゃんと知っているイギリス人だったらこんな汚い言葉はつくらなかったはずだ」と言って憤慨したそうなんです。

なぜこの言葉が汚いのか？　ここから先は英語のルールのおさらいです。

人を表す語尾っていうのはたくさんありますよね。例えば〈er〉もその一つ、それからその変形で〈or〉というものもある。それから、まさにここで使われている〈ist〉。さらに〈ian〉。このうち、〈er〉と〈or〉はわりあい中立的に用いられますが、実は〈ist〉と〈ian〉は、かなり明確に区別されているんです。気がついたことがあるかな？　ためしに並べて考えてみましょう。

philosoph＋er　　scient＋ist
mechanic＋ian　　biolog＋ist
physic＋ian　　dent＋ist
music＋ian　　flut＋ist

一番わかりやすい例は最後の行かな。flutist（フルーティスト）、これはフルートに〈ist〉が付いている。つまり「フルート奏者」。それに対してmusician（ミュージシャン）、「音楽家」の場合は、music＋ist（ミュージシスト）にはなっていない。あるいは逆に、flut＋ianとはならない。それから、dentist（デンティスト）の例も同じ。dentとはもともとdensという語に由来し、ラテン語で「歯」という意味です。ですからdentistというと歯をやる人、つまり「歯医者」。それに対して、physician（フィジシャン）は「医者」ですね。physis（フィシス）というのは、もともとギリシャ語の「自然」という意味に由来する語。自然を扱う人、ということで、広い意味の「医者」という語に発展した。そしてこれも、あくまでphysic＋ianであって、physic＋istではない。

さあ、この比較を見てなにか気づいてくれませんか？——というのは、〈ist〉の前にくるのは、ある特定の、かなり狭い分野。いわば「これしかやらない」っていう感じのものが前にくる。それに対して、music とか physic とかはみんな、非常に大きな概念なわけですね。

つまり、〈ist〉と〈ian〉の前にくる概念はそれぞれ区別されている。もちろん例外はたくさんあります。けれども基本ルールはそう。〈ist〉は狭い概念、〈ian〉は広い概念に使われる語なんです。

ここでちょっと思い出してみてほしい。そもそも scientia（スキエンティア）は「知識」という意味でしたよね。「知識」っていえば、それこそありとあらゆるものが入るでしょう？　つまり、桁外れにものすごく大きな概念なんです。それに〈ist〉を付けるとは何事か、というのが、scientist（サイエンティスト）という言葉に対するハクスリーの反応だったんですね。

つまり、トマス・ハクスリーという人にとって science という言葉は、まだスキエンティアという語がもともと持っていた意味を引きずっているものだった。彼にとっての science は、まさしく「知識」全体を体現するものだった。だから、そんな言葉に〈ist〉という語尾を付けるとは何事か、英語のルールを知らないやつのすることだ、という言い分が出てくるわけです。

しかし、当のヒューエルはケンブリッジのトリニティ・コリッジの学長も務めた大変な学者であり、当然のことながら無学文盲のアメリカ人などではない。そんな英語のルールなど百も承知の知識人です。そのヒューエルが、あえてscientistという言葉をつくった。――すると、新たな歴史的事実が浮かび上がってくる。

要するに、一八四〇年頃、サイエンスという言葉は二つの意味を持ち始めていたんです。一つは、ハクスリーが考えていたように、伝統的な「知識」という意味。そしてもう一つは、その「知識」の中でも特定の部分。すなわちヒューエルが〈ist〉という接尾語をあえて使って言い表そうとしたものです。

ヒューエルとハクスリー、同じ時代に生きている二人でありながら、ヒューエルの頭の中のscienceという言葉は、もはや「知識」全部ではなくて、「知識」の中のある特定の部分のみを指していた。その特定の、限られた部分こそが、今でいう「サイエンス」に当る。つまり、自然に関する知識だけを扱う、「自然科学」というものをscienceという言葉で表したい、とヒューエルは考えたんですね。

いわば彼は時代を先取りしていた。scienceという言葉を、知識全体の中で、この特定の部分だけに使おうという明確な意図を備えたうえで、scientistという言葉をつくり出したんです。すなわちサイエンスという言葉は、ここでようやく、私たちが「科学」と呼んでいるような意味合いを持ち始めたわけです。

フィロソフィーの解体とサイエンティストの誕生

ついでにもう一つ、皆さんに知っておいてほしいことがあります。それは、大学というものがそもそもどんな場所だったのか、という話です。

一二世紀のヨーロッパで大学というものが始まって以来、その本体は「哲学部」と称するものでした。上級学校として、法学校や医学校、神学校は付随していましたが、理学や工学なんてものは影も形もない。学問の世界には存在しないものだった。

けれど、その「哲学」というものの姿が、現在の意味合いとは大きく異なっていたんです。当時の「哲学」は、カントやヘーゲルのような、現在でいうところの「哲学者」たちがやっていたことだけを指していたものではけっしてない。

「哲学」、すなわちフィロソフィーという言葉はもともと、ギリシャ語のフィロソフィア（philosophia）に由来しています。sophia（ソフィア）とは「知識」であり、それに philo（フィロ）、すなわち「愛する」という動詞の変形したものがついている。つまり、「哲学」の本来の意味は「知を愛する」。ここの「知」というのは、何度もいうように、今日の哲学的な知識だけを指すわけじゃない。あらゆる知識、何もかも全部ひっくるめてソフィアといっているわけです。それを愛するということは、すべての知を探求する行為を示している。

実際、ニュートンはもちろん数学や物理学をかなり研究していたけれど、聖書の研究でも大変な学者であったし、現在でいえば財政学や経済学に相当する領域も研究していた。晩年は造幣局のようなところで長官も務めていました。生涯関心を失わなかったのは錬金術でしたが、しかしなにも彼一人が万能の天才だったわけじゃない。一九世紀までのヨーロッパの哲学者たちは、基本的にはみんな万能というか、何もかもひっくるめて研究していた、ということなんです。今でいう生物学だけをやろうなんて人もいないし、経済学だけをやろうって人もいなかった。何もかもが大きな知の体系の一つであって、それがソフィアであり、それを愛することが、まさしく知を追求する、知を探求するという行為だったんですね。それが大学というものの本質だった、と考えてください。

ところが一九世紀に入って、「哲学」という、非常に大きなものが少しずつ解体され、そして新しく編成され直していくんです。そして再編成されていくプロセスの中で、まずは自然に関するものと、それから人間に関すること（文化に関するもの）に分かれていく。さらにその中に物理学が生まれたり、あるいは植物学・動物学が生まれたり、地質学が生まれたりする。自然を扱う知識の体系の中にも、それぞれ個別専門の学問が少しずつ姿を現した。つまり、哲学というものが分化を始めて、細かい学科に分かれていったんですね。それこそ、物理学科、植物学科、生物学科という形にです。そういうふうに、ヨーロッパのフィロソフィーはどんどん解体されて、まずは「自然科学」が確立し、そこからさらに一つひとつの狭い専門領域が確立していく。

それらの学問に携わる人はみんな〈ist〉です。すなわち、植物学ならbotanist、動物学ならzoologist、そして物理学ならphysicist。そういう狭い領域を専門に探求する人たちが一九世紀の半ば頃になると次々に現れてきたんです。前述のヒューエルの生み出したscientistという言葉は、まさしくその象徴だったといえます。

学問の分化がもたらしたものとは

こんなふうにしてポツポツと姿を見せ始めた「サイエンティスト」たち——すなわち「科学者」たちは、主にどんなことをしていたのか。

私はあえて、彼らのことを「論文を書く人」たちと定義したい。……ジョークでも言ってるんじゃないかと思うかもしれないけれど（笑）。もちろん、この定義にはちゃんとした理由があるんです。

さっきも話の中に出てきたチャールズ・ダーウィン、彼が『種の起源』（*On the Origin of Species*）を書いたのは一八五九年のことでした。これは論文ではなく書物、つまり本です。本ですから、本屋さんに行けば誰でも買えるわけです。要するに、読者は不特定多数。日本でも八杉龍一（一九一一～九七）という方が翻訳されたものが岩波文庫から出版されていきます。その後六版まで改訂している。ちなみに初版から六版まで足し合わせると、当時で一〇万部を超す販売数になるそうです。もちろん売れたからって全員が読んでいるという証明にはならないけれど、とにかくそういう数字の読者がいたことにはなっている。

ところが、これも皆さんご存知のアルバート・アインシュタイン（Albert Einstein、一八七九～一九五五）、彼が一九〇五年に「運動体の電気力学について」という短い論文をドイツ語で発表した際は、ダーウィンの頃とは事情が全く異なってくる。この「運動体の電気力学について」は、いわゆる特殊相対性理論の第一報とされているものです。

そこで、アメリカで研究している私の仲間が、さまざまなデータを突き合わせながら、この論文が発表されて三年間に何人の人間がそれを読んだだろうということを調べてくれた。

まあ、その結論が本当に正しいかどうかはわかりませんけれども、彼の調査結果によると、その数は一〇人に満たなかっただろうという話なんです。当然、その後はもっともっと多くの人が読むことになるわけですが、すくなくとも、発表されてまもなくはほとんど読む人がいなかった。

一方は一〇万を超える読者、一方は一〇人に満たない読者。この違いは何を意味していると思いますか?

要は、『種の起源』が発表された一八五九年から、「運動体の電気力学について」が発表された一九〇五年までのほぼ半世紀間――この五〇年の間に、科学をめぐる環境が非常に大きく変わったわけです。

ダーウィンはまだ、彼の学問的研究業績を、不特定多数の読者を相手にした書物という形で発表していた。しかし、それからほぼ半世紀経た一九〇五年になると、アインシュタインはそれを論文という形で発表していたんです。後で詳しく説明しますが、この五〇年の間に起こったなにげない変化、これこそが現在の科学の制度というものを決定づけた、非常に重要な変化だったと考えてください。

「神の御業の確認」から「好奇心の追求」へ——科学の一つ目の顔

ところで、科学者たちはいったい何のために研究をするんでしょう？

かつてヨーロッパの哲学者たちは、自然というものを「神の作品」であると考えていました。なぜかって？　『創世記』にそう説かれているからです。『創世記』というのは、ユダヤ教とキリスト教の聖典であり、当時のヨーロッパ人にとっては心の拠りどころに等しいものだったんです。

そこで彼らはこう考えた。——「この自然というものを、一頁《ページ》一頁丹念に読んでいけば、聖書を読むのと同じくらいの確かさで、偉大なる神の計画が明らかになるだろう。すなわち、神が何をしようとしてこの世界を造り、そこに人間を造って、このように世界を動かしているのか、自分たちにもわかってくるにちがいない」。要するに、ニュートンも含め、かつての「哲学者」たちは、神の御業を自然のなかに確認したい、という熱望によって研究に勤《いそ》しんでいた。すくなくともヨーロッパの哲学というのは、あくまでキリスト教的な背景の中で成立していた知的営み、だったんですね。

ところが、一九世紀以降の「科学者」たちは、これらのバックグラウンドを切り捨てました。科学者であること、すなわち自然を研究するにあたって、キリスト教的背景を持っていなければならないという必然性は捨てたんです。だから、キリスト教徒以外の人たち、たとえばイスラム教徒であろうと、仏教徒、ヒンドゥー教徒であろうと、科学者であることに何の不自由もないはずだし、無神論者でももちろん同じ。宗教的背景とは無関係に、科学者たちは自分の仕事ができるようになっている。

もはや神の御業を追求することが「科学」の目的ではない。だとすれば、彼らを研究に駆り立てているものはいったい何なのか？――それは、「好奇心」という言葉でしか表現できない。つまり、「面白いから」。

この自然のなかに、こういう謎を見つけた。この謎を解いてみなければ、死んでも死にきれない――そういう思いを持って謎にチャレンジすることが、科学を研究することの目的になってきたわけです。

こういった人たちにとって、報われる、報われない、といったことは関係ないんですね。実際、「科学者」という人種が現れた一九世紀中頃は、まだノーベル賞も創設されていなかったし、「科学者」として雇ってくれる企業もなかった。

実は、初期の科学者たちはたいていが貴族だったんです。要するに、お金を稼がなくても生活ができる人たち。しかも、研究にお金が必要な場合は、自分の懐から調達できる。研究するための場所も自分の館の中に設けることができる。そういう人たちが、「面白いからやろう」「わかりたいからやろう」。それが初期の「科学者」の姿だったんですね。

科学者共同体という「穴倉」

そのうちに科学者たちは、同じ類の好奇心を持つ者同士で集まるようになる。たとえば、原子というもののしくみや、物質の構造に対して好奇心をかき立てられる人たちは、その人たちだけで一つのコミュニティを形成する。いわば科学者共同体。それらが具体的な形となったものが学会なんです。物理学会、有機化学会、植物学会、動物学会など、みんなこれに当たります。すると、科学研究は、その科学者共同体の内部に限られてくるようになるんです。

どういうことか？　まず、研究によって新しい知識がつくられます。これを知識の生産という言葉で呼びましょう。次に、生産された知識は蓄積されていきます。いったいどこに？　論文の中にです。前述のアインシュタインのように、論文という形で、論文誌・学術誌・ジャーナルのなかに蓄積される。そしてこれが仲間内の間だけで流通していく。論文誌というものは、基本的には学会が発行しているものが大部分です。学会費を払えば無料で配布されますが、外部の人々が手に取る機会はほとんどない。学会の会員の間だけで読み回されているにすぎない。

外の目に触れない一方で、学会員のなかには、そこで流通している知識を使ってさらに自分の研究を伸ばしたい、という人が出てくる。流通している知識を活用したり消費したりする行為もさかんに生まれてくる。それも当然ながら、同じ専門に属する仲間同士の間だけです。「これはいい仕事だ」「これは案外たいしたことない」、そういう評価も専門の仲間だけができるわけです。

こうした現象は、いわゆる「ご褒美」についても同様に指摘できる。ノーベル賞が始まったのは一九〇一年ですが、実はその前からすでにご褒美的なものは存在していました。あまり耳にしたことがないかもしれませんが、英語には"eponym"（エポニム）という不思議な言葉があるんです。これはどういう意味かというと、実例を挙げると非常にわかりやすい。たとえば、樺太《からふと》とロシアの東海岸との間が陸続きになっているかという地形学的問題。これを、大変な努力と困難を積み重ねながら発見したのが間宮林蔵《まみやりんぞう》という人です。その功績を称え、私たちはこの海峡のことを「間宮海峡」と呼んでいる。これがまさしくエポニムなんです。科学の世界でいうと、ある科学的事実に関して、それを発見した人の名前をつけて呼ぶこと。

このエポニムの例、当然ながらたくさん挙げられます。理科の授業で出てくる法則や公式なんかもこれに相当します。たとえば、「ハイゼンベルクの不確定性関係」。皆さんが学ぶ物理の授業の中にはまだ出てこないかもしれないけれど、これは量子力学の中で非常に大事なものとして扱われている法則のことです。「マックスウェルの電磁方程式」なんかもそう。これは一九世紀の終わりにマックスウェルという人が発見してくれた電磁気学の基本方程式ですね。

こんなふうに、新しく発見してくれた人の名前を付けて呼ぶのは、科学者同士の尊敬と感謝の意が込められているからです。あなたのおかげでこういうことがわかって、私たちはそれを使わせてもらっている。そういう仲間内で交わされる感謝の気持ちが表れているからなんですね。もちろん、ただ単に「不確定性関係」「電磁方程式」と呼ぶだけでも、それが何を指しているのかみんなわかっている。けれど、それでもなお、「ハイゼンベルクの不確定性関係」あるいは「マックスウェルの電磁方程式」なんて長ったらしく呼ぶのは、そこに敬意という、いわば仲間内からのご褒美の意味合いを兼ねているからなんです。

こうして考えてみればわかるとおり、科学者のやっていることは、科学者の仲間内だけに閉じ込められている。知識の生産から、蓄積、流通、消費・活用、評価、褒賞にいたるまで、そのすべてが外には漏れ出していないんですね。

ところで、この事実を当時から的確に表現していた文学者がいる。それが夏目漱石《なつめそうせき》です。漱石の『三四郎』という作品の中に、野々宮宗八という物理学者が出てきますが、これは漱石の門人で東大の物理学教授でもあった寺田寅彦《てらだとらひこ》をモデルにして書かれたといわれている。その野々宮について、主人公はおおよそこんなふうに評しているんです。

「夏も冬も、昼も夜も、穴蔵のような研究室で光の圧力を調べる研究をしている。だからなかなか野々宮君というのは偉い。でも、所詮は野々宮君がやっていることは現実世界とはまったく無関係である。彼は現実世界とは一生接触することはないのではないか」（引用者意訳）

ここで三四郎が心の中でつぶやいていることは、当然ながら作者である漱石の言い分でもある。つまり研究室や学会、すなわち科学者共同体というのは、外から見れば「穴倉」なんですね。物理学者がやっていること、研究していることは、当の物理学者たちにとっては面白いかもしれないけれど、この世の中の役には何にも立たない。外の社会にとっては何の意味もない、直接的には関係がないということをずばり言い当てている。この部分を読むと、科学者という存在が当時からそういう感覚で捉えられていたということが非常によくわかります。

科学と技術の融合が生み出した課題——科学の二つ目の顔

ここまでお話ししたのは、いわば「科学」が持っている一つ目の顔です。

科学はいまでもこういう側面を持っています。つまり、すべての科学者が世の中のために役立とうなんて思って研究をしているとは限らない。かなり多くの科学者たちは、単に自分が面白いから、この謎が解けなければ死んでも死にきれないという思いに駆られるままに毎日研究を続けている。

ところが、そこからさらに時代が進むにつれて、また別の顔が生まれてきたんです。その科学の二つ目の顔こそが、まさしく社会全体を揺るがしている大きな課題となっているといってもいい。

いったい何が起こったのか？　発端は「戦争」にありました。

第一次世界大戦と第二次世界大戦の間、一九二〇年代～三〇年代の頃。この戦間期と呼ばれる時代から、科学研究の成果を産業や国家行政が活用しはじめたのです。
その最初の例が、ウォーレス・カロザース（Wallace Hume Carothers、一八九六〜一九三七）。この人はアメリカ人で、イリノイ大学を卒業した後、博士号も取得しハーバードで教えていた科学者だった。その彼がデュポン社という会社に雇われて、「絹よりもすばらしい人工繊維を開発しなさい」という使命を与えられた。そこで自らが持っている科学者としての知識と技を全て注ぎ込み、見事ナイロンの開発に成功したんですね。それが一九三五年のこと。これはいうなれば、科学者が科学者として企業に雇われ、その技術と知識とを使って、与えられたミッションをやり遂げた、初めての実例だった。気の毒なことにカロザースは、一九三七年に旅先のホテルで青酸カリを飲んで謎の自殺を遂げてしまうんですが、これは未だにミステリーとして語り草になっています。

そしてもう一つの実例が、あのマンハッタン計画。——皆さんも知っているとおり、原子爆弾の開発のために、科学者・技術者を総動員したアメリカの国家計画のことです。

当の原子物理学者たちは、初めから原子爆弾をつくろうなんて思って原子物理学者として研究をやっていたわけじゃない。でも、彼らの仲間内で流通している知識が、大量殺戮《さつりく》兵器のために使えるということに政府が気づいてしまった。つまり、原子物理学者たちの仲間内で流通していた知識を、軍事が核兵器の開発に活用したわけですね。その結果、私たちにとっては非常に残念なことですけれど、見事な成功を収めてしまった。

科学者の研究成果が世界の趨勢《すうせい》を一変させた――この事実は、社会全体に大きなインパクトを与えることになりました。それまでの科学は、科学者共同体、科学者のコミュニティの中だけで閉じられたものであり、外部の人は、「ああ、あの人たちはああいうことをやっているのね、所詮それは私たちに直接関係ないわ」と他人事のように眺めていられた。ところが、ナイロンの開発やマンハッタン計画の成功のあたりから、そういう事態がガラッと変わるわけですね。

行政や産業というのは、社会にとって決定的に大きな力をもったセクションです。その行政や産業が科学の力を利用することによって、一般の人々の間にも科学が大きな影響を持つようになった。となると、科学が否応なく、社会全体の課題の一つになる。

現実世界とまったく関係ない？　とんでもない。『三四郎』が書かれた時代とは異なり、科学は社会ときわめて大きな関係を持つようになりました。さらに、その関係こそが新たな課題となるような事態が生まれてきたわけです。

実際、日本の政治においても、一九九五年に科学技術基本法という法律が国会で可決されました。簡単にいえば、科学技術を利用して日本の国家を繁栄させていこう、そのための施策を決めていこう、というのがその趣旨です。第一期（一九九六〜二〇〇〇年）は一七兆円の予算でしたが、第二期（二〇〇一〜〇五年）は二四兆円、さらに第三期（二〇〇六〜一〇年）は二五兆円。それぐらいの国家予算を科学技術振興につぎ込むことによって、日本の国家としての繁栄を、科学技術をベースにして進めていこうというものなんです。ちょうどいま、第五期を迎えるところですが、内閣府のホームページできちんと公表されているので、皆さんも一度覗《のぞ》いてみるといい。とにかく、医療でも教育でも、福祉でも交通でも通信でも、私たちの生活のあらゆる場面のなかに科学の成果が利用されるようになったんですね。

科学の限界を超える問題を判断する？

ところが、ここである重要な疑問が生じます。それは、「社会での意志決定は誰がすべきか」ということ。

「意志決定？　そんなもの、専門家が最もよくわかっているんだから、この科学技術がらみの話は全部専門家に任せておけばいいじゃないか」――これまでは、おおよそこんな考え方でやってきたといえます。しかしそこには本来、黙って見過ごしてはいけない二つの問題が横たわっている。

一つは原理的問題です。民主主義社会に属する人間として、私たちはそういう意志決定にまったく関わらないまま専門家だけに任せておいてよいのか。いわば社会のしくみの根幹に関わる問題がまずは指摘できます。

そしてもう一つは、「専門家に任せておいて本当に大丈夫なのか？」という実際的な懐疑です。彼らは本当に正しい判断ができるのか。――だって「専門」というのは、「門を専らにする」という意味でしょ？　その「門」というのは、さっき述べた「科」とほぼ同じ意味です。さらに「専」は訓読みすると「もっぱら」。つまり、一つのある特定の領域、それだけをもっぱらやっている人が「専門家」なわけです。ところが、いま私たちの社会のなかで問題になっている科学技術がらみの話は、一つの領域のみに収まらないものがほとんどなんです。

たとえば、映画化もされて話題にもなった小惑星探査機「はやぶさ」。私たちの知らない宇宙空間を飛び回っていた、あの「はやぶさ」を具体的にどうするのかっていう話だったら、専門家に任せておいてもいい。でも、BSE（狂牛病）の全頭検査が合理的なのかどうなのかという話になると、事情はまったく異なってくる。

全頭検査が正しいか正しくないかということは、単にプリオン（ＢＳＥの要因とされる感染性タンパク質）というものの振る舞いがわかっているだけでは判断できない問題です。当然ながら、経済上の問題もたくさん入ってくるし、貿易問題にも波及してくる。プリオンという科学の領域だけでなく、人間の営み全体にまたがる複雑な社会問題なんです。社会の様々な要素を加味しながら意志決定をしなければならないはずなのに、プリオンの専門家だけに任せておいてＢＳＥの問題が解決するのか？　そんなわけありませんよね。

ＧＭＯについても同じことです。ＧＭＯとは、genetically（遺伝的に）modified（変えられた）organism（有機生物）の略語で、遺伝子組換作物とも呼ばれています。このＧＭＯを農作物として利用するかどうか、たとえば北海道では非常に強い反対がありました。そういう決定は、専門家だけに任せておいていいのかどうか。何度もいうように、専門家というのは、文字どおりその領域しか分からない人たちのこと。そんな人たちに、もっともっと幅広い領域をカバーしているような問題を押しつけてしまっていいのか。

近年、こうした問題のことを、トランスサイエンス（trans-science）という言葉で呼ぶようになってきました。trans とは「超越する」という意味です。すなわち、サイエンスを超えたもの。そういうトランスサイエンス的な問題に対して、サイエンティストの判断だけでは足りないのではないか——そういう考え方が最近になってようやく表れてきたんです。

大切なのは科学に参加するということ

たとえば、裁判員制度を思い浮かべてみてください。

いままでの裁判所の中では、検事や弁護士、裁判官といった、司法の資格をもった専門的な人だけが判断することを許された。その人たちだけによってすべての意志決定がなされてきた。

ところが、裁判員制度が導入されることになり、何の資格も持たない普通の生活者が裁判員として裁判に参加することになった。じゃあそこで何が期待されているのか？——それは、常識であり、良識だといってもいい。すくなくとも私はそう考えています。

こういうシステムのことを参加型技術評価、略してＰＴＡと呼びます。といっても、皆さんにとってもおなじみの Parent-Teacher Association ではなくて、Participatory Technology Assessment の略。いろいろな人たちが、いろいろな知識を持ち寄って、いっしょに参加して問題を決定していきましょう、という考え方のこと。そうした動きが近年、さまざまな場面で生まれてきています。

さっき挙げたBSEやGMOの問題。特にナノテクノロジーと呼ばれている分野をはじめ、新しい分野であればあるほど、より早く、より多くの人たちが自分たちの知識を持ち寄って、ああでもない、こうでもないと少しずつ議論していかなければならない。いわゆる「熟議」の必要性ですね。少なくともある種の問題については、専門家に任せきりにしていい時代は終わったんです。いろいろな人たちが、いろいろな知恵と常識とを持ち寄り、充分議論を尽くした上で一歩一歩意志決定をしていかなければならない。そういうことが必要な社会になってきている、ということを、皆さんにはぜひわかっていただければと思います。

「科学」の前に、一人の人間として必要な知識を

皆さんの中には、理工系の専門家になりたい人もたくさんいらっしゃると思います。そのためには当然ながら、専門的な知識を学ぶ必要があります。それはもちろん、専門家になるためには必要なこと。けれどもそれ以前に、科学の専門家を目指すより先に、まずは普通の社会人として、ある種の健康な判断力というものをぜひ中学や高校で養ってほしい。自分は理工系の勉強だけやってればいいんだとは思わないでほしい。

社会というものがどんな姿で成り立っているのか。専門家たちのやっていることが社会に

対してどんな影響力を持つのか。社会の人たちは、専門家ではない人たちは、どんなふうに感じるのか。そういうことを読み取るだけの力、ごくごく基礎的な、常識に満ちた判断力というものを、理工系に進む人もやっぱり持ってほしい。まさしくそれこそが、科学にとって最も必要なことだから。

それは理系に進む人だけでなく、文系に進む人についても同じこと。自分たちは文系の勉強だけやっていればいい、理科なんか苦手だしどうせ考えてもムダだとは思わないでほしい。本当の理科教育というものは、指導要領の中に書かれていることだけではけっしてないんです。理科というものは、理科の教科書の中だけにあるものじゃない。たとえば国語の中にも、あるいは英語の中にも社会の中にも、理科の問題を考える糸口や大事なポイントはいくらでもある。理科っていうものを、理科の授業の時間、理科の領域の中だけで考えないでほしいんです。それが、科学技術というものを社会にとってより良い方向へ導くための手がかりとなる。

これは社会のなかに生きる人間としての使命だともいえます。理系の人も文系の人も、お互いにそういう良識の上に成り立つ社会であってほしい——それが、私がここで皆さんに向けて用意した最後のメッセージです。

◎若い人たちへの読書案内

一、**小林傳司《ただし》著『トランス・サイエンスの時代』**（NTT出版）

文中にもありますが、「トランスサイエンス」という概念に関して、今日本語で手に入るほとんど唯一の書物です。その概念の解説ばかりではなく、現在の科学・技術と社会との関係について、考えるべきことが、網羅的に論じられていて、少し難しいかもしれませんが、ぜひ読んでほしいものの一つです。

二、**村上陽一郎著『科学の現在を問う』**（講談社現代新書）

自分の書いた書物を推薦する、というのは、あまり好ましいことではないかもしれませんが、今科学について考えるべきことは何か、いくつかの論点に絞って、丁寧に述べたつもりです。いわゆる「三・一一」が起る前に書かれたものですが、災害や社会の安全の問題も取り上げています。

三、**アル・ゴア著『アル・ゴア未来を語る』**（中小路佳代子訳、KADOKAWA）

若い読者に推薦する書物としては、異例かもしれない大部な（五百ページを越えます）書物ですが、現代の地球全体を被《おお》う人間活動と、地球の状況との関りを、広い視野に立って、大きく、また綿密に眺め、考え、そして警告する、ユニークな書物です。若い世代が自らの将来を見通して、判断し、行動するための材料が詰っています。

私のなかにある38億年の歴史
——生命論的世界観で考える

中村桂子

なかむら・けいこ

1936年、東京都生まれ。生命誌研究者。東京大学理学部化学科卒。同大学院生物化学修了。三菱化成生命科学研究所人間・自然研究部長、早稲田大学人間科学部教授、大阪大学連携大学院教授などを歴任。02年4月からＪＴ生命誌研究館館長。主著に『自己創出する生命』（ちくま学芸文庫）、『科学者が人間であること』（岩波新書）、共著で『生き物が見る私たち』（青土社）、『生きもの上陸大作戦』（ＰＨＰ新書）など。

原発事故で明らかになった20世紀型科学の欠陥

私は、25年ほど前から、科学を踏まえながら生命の歴史性に注目する知を提唱しています。今日はその「生命誌（Biohistory）」という新しい知の基本となる考え方についてお話しします。

20世紀は、科学とそれに基づく科学技術がひじょうに発達した時代でした。しかし、残念なことに、20世紀の後半は「とにかく産業（経済）を盛んにしよう」という考えが強くなり、産業に役立つ科学技術だけを素晴らしいものだと思い込んでしまったのです。

知識を得るというより、みんなが健康になるため、さらに産業を興してお金儲《もう》けをするため……そういうことのためだけに科学はあると捉えられたのです。科学に関する書籍やテレビ番組なども「こんなに役に立つ」「こんなに健康にいいことがある」という視点のものが多いのです。

もちろんそれは大事なことで、全否定するつもりはありません。ただ人間の役に立つとか健康のためと考えると、どうしても「答え」が必要になります。「こうすれば健康に暮らせます」、「こうすれば経済活動を活発にできます」という答えを出すためだけに科学があるのではないと私は考えています。

たとえば、2011年3月11日に起きた東日本大震災では、地震による大津波が沿岸部を襲い、それがきっかけとなって福島第一原子力発電所の事故が起きました。今もなお放射能は拡散しています。しかし、私たちは放射能が与える人間への影響について答えを持っていません。現在放出しているレベルの放射能によって人間の身体に何年経《た》つとどのようなことが起きるのか、実を言うとまだ誰も知らないのです。

現実に起きていることには対応しなければなりません。でも答えを科学だけに求めるとどうしたらよいのかわからなくなり、政府も自治体も右往左往することになります。最先端の科学技術を持っているといわれる日本ですが、考えなければならないことがありそうです。

このような現状を見ると、今まで欠けていたものが見えてきます。すべてのものには答えがあるから、それに沿って行動すればいいと私たちは思い込んでいましたが、そうではなかった。本来、科学とは「自然はどういうものなんだろう」「宇宙ってなんだろう」「地球とはいったいなにか」「生き物や人間はどうして生きているんだろう」ということを考えるもの。そうして考えていけば、科学は各自の世界観をつくってくれるはずなのです。

「考える」ことが重要なのです。答えはもちろん大事であり、考えて考えて考え抜けば答えは出てきます。しかし、一つの答えが出てくると、もっと難しくて、でもおもしろい問いが必ず生まれてくる。「答えを見つけたらオシマイ」ではなく、ずっと考えつづけること。これがとても大切なのです。

「機械」として世界を考えることの限界

では、私たちはこれからどんな世界観を持てばいいのでしょうか。

過去を振り返ると、科学は17世紀以降の300年間にわたり「機械論的世界観」を有していました。簡単にいうと「宇宙や生命、人間をすべて機械と考えて調べればいいのだ」という世界観です。ガリレイは「自然は数学で書かれた書物」、ベーコンは「自然の操作的支配」、デカルトは「機械論的非人間化」、ニュートンは「粒子論的機械論」という言葉や考え方を出しました。

たしかに、分子生物学でDNAやたんぱく質の働きを調べてみると、生物も機械のように動いていることがわかります。でも人間を含む生きものは機械かと問われれば、それは違います。しかし、従来の科学技術を生み出すための答えを求めるには、機械として考えた方が効率がよかったのです。

ところが、最近の研究で「世界を機械として考える」という従来の思考では自然を捉えきれないことがわかりました。「宇宙」を考えます。

アインシュタインを知っていますね。相対性理論を考え出したすばらしい物理学者で、20世紀初頭に活躍しました。しかし、偉大な業績を残したアインシュタインでさえ、「宇宙は機械」と考えていました。宇宙の銀河の数は常に一定で、基本的な構造が変化することはないという「定常宇宙論」を支持していたのです。

ところが今、その理論は否定されています。本書にもご講義が収録されている佐藤勝彦さんは「宇宙は動いている、どんどん膨張している」という「インフレーション理論」の提唱者の一人です。それによって、佐藤さんは宇宙論研究を世界的にリードしたのです。

さらに、宇宙の膨張は加速していることが超新星の観測によってわかりました。この発見をした3人の教授（カリフォルニア大バークリー校のソール・パールマッター教授、オーストラリア国立大のブライアン・シュミット教授、米ジョンズ・ホプキンス大のアダム・リース教授）は2011年のノーベル物理学賞を受賞しました。

私たちの世界を構成している物質として炭素、窒素、酸素、リン、などの元素、その実体であるさまざまな素粒子について学びましたね。ところで、私たちの知っているこれらの物質は宇宙をかたちづくっている物質のたった4％にすぎないことがわかってきました。残りのうち、約20％は「暗黒物質（ダークマター）」と呼ばれている物質です。これがなんなのか私たちにはまだわかりません。しかも、これでまだ25％程度。残り、つまり宇宙のおよそ75％が「暗黒（ダーク）エネルギー」と呼ばれる私たちの知らないエネルギーなのです。暗黒エネルギーは宇宙の膨張を加速する力のようですが、その実体は謎です。

今までの科学では解明できない新しい問題はまだまだたくさんあるのです。先ほど「一つ解いたとしても、次にもっと難しい問題が出てくる」とお話しした好例です。

38億年の歴史は自分の体内にある

宇宙の始まりとその歴史の研究が急速に進んでいます。その歴史の中で、さまざまな恒星が誕生し、その一つが太陽です。その周りをまわる惑星の一つである地球は46億年前に生まれ、液体の水が存在するなどさまざまな条件が重なって、生きもののいる星になりました。生きものが生まれたのは38億年ほど前とされます。

地球以外に生きものが存在する惑星は、今のところ見つかっていません。しかし、宇宙には、太陽と同じような恒星はたくさんありますし、その周りをまわっている地球のような惑星も最近の観測で次々と見つかってきました。もしも地球と同じような条件の惑星があれば、私たちと同じような生きものがいるかもしれません。

つまり、生きもののことを考えるときも、地球だけでなく宇宙全体を考える。これが大切です。

ここで「生命誌絵巻（次ページ）」を見て下さい。これは生命誌の基本となる考え方を示しています。多様な生きものが長い時間のなかで誕生してきた様子を表しています。

扇型の要《かなめ》の部分が最初に生まれた生命体です。扇の天が現在、バクテリア、ミドリムシ、プラナリア（ウズムシ）、ヒマワリ、チョウ、クジラ、そしてヒトもいますね。地球上には、名前が付いている生きものだけで170万種が生息しています。しかし、ほんとうは熱帯雨林を中心に数千万種いるはずと考えられています。まだ名前が付いていない、あるいは発見されていない生きものがたくさんいるからです。

まだ不確かなことの多い生きものですが、一つだけはっきりわかっていることがあります。どこに棲んでいても、どんな姿かたちをしていても、生きものはみな細胞から成り、細胞のなかにはDNAが入っているということです。

ここから地球上にいるすべての生きものの祖先は、ある一つの細胞と考えられます。扇の

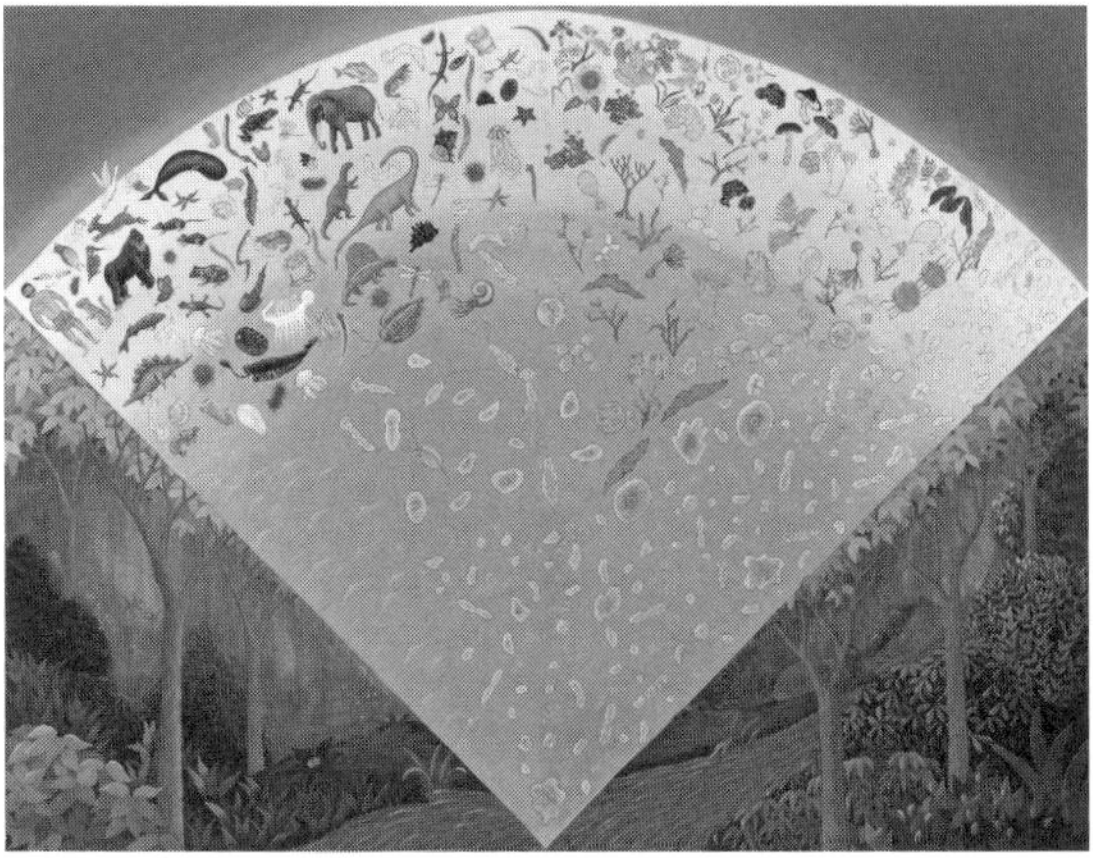

生命誌絵巻　協力：団まりな／絵：橋本律子

要の部分、地球で生まれた最初の生命体が現在の生きもの共通の祖先なのです。今から38億年前の地球には細胞があったことは化石によって確認されています。

海のなかで生まれた細胞が「進化」をし、多細胞化して植物や動物になり、動物の中で骨がかたちづくられて魚になった仲間から陸に上がって両生類、は虫類、鳥類、哺乳類となり、そして人間になった。昆虫の仲間も大事ですね。このように生きものは、みんな共通の祖先を持っているのです。校庭を歩いているアリも、38億年前からずっと続いてきて今の姿になった。皆さんのお腹の中にいるバクテリアも、もとをたどれば38億年前に遡《さかのぼ》ることができます。

つまり、皆さんも含めて地球上の生きものは、体のなかに38億年の歴史を持っているのです。皆さんの細胞のなかにあるDNAは、父親と母親から半分ずつ受け継いでいますね。では、お父さん、お母さんを考えてみると、おじいさん、おばあさんから受け継いでいるはず。そうしてたどっていけば、誰もが人類の祖先に還るわけです。さらにDNAを解析していけば、人類の祖先からもっと遡ることができて、最終的には38億年前の最初の生命に戻るのです。

38億年という途方もない時間が自分の体内に残されているという事実を知ると、生きていることの重みを感じませんか。

日常生活でも大事な「生命論的世界観」

「生命誌絵巻」を見ると、生きものはずっと繁栄しつづけてきたように思うかもしれませんが、実は何度も絶滅に近い危機を乗り越えてきているんです。およそ5億年前に生きものが上陸してから、少なくとも5回、70〜90%もの種が消えるという体験をしています。

宇宙の始まりからこれまでをざっと見てきました。時間をかけてできあがってきた自然界は生きもののようだと思いませんか。この考え方を「生命論的世界観」と言います。300

年もの間、科学は「機械論的世界観」で進められてきましたが、どうも「生命論的世界観」の方が実態に合っていると考えられるようになってきたのです。

「生命誌絵巻」では、人間は扇のなかに含まれています。しかし、ベーコンが「自然の操作的支配」と言ったように、現在の科学技術は人間が扇の外側に存在するという考えの下に作られています。「人間は生きものであり、自然の一部である」というあたりまえのことが「生命論的世界観」のいちばん大切な部分です。これからの科学は、「生命論的世界観」がベースになります。

私は日常生活でも「生命論的世界観」が大事だと思っています。東日本大震災後の政治家、学者、評論家の発言より、農業、漁業、林業など第一次産業に従事して、常に自然を相手に生きてきた人々の言葉がとても魅力的でした。

例えば「津波で田んぼも畑もダメになったし、家もなくなってしまった。けれど、私はこれからここでもう一度ものをつくっていく「技術と知恵」は持っている。それは誰にも流せなかった」と言っていた農家の人がいました。とても印象的な発言でしたが、これは「人間は自然の一部である」と理解している人の強さなのだと思います。

「人間が自然の一部」というのは当たり前のことです。けれど、「機械論的世界観」に基づいてつくり上げてきた科学技術中心の社会は、お金や利便性のみを追求してきたせいで、自然との向き合い方を忘れてしまった。行き詰まりつつあるこの社会をつくり変えるためにも、「人間は生きものであり、自然の一部である」ということを、すべての起点として考えることが重要です。

共存共栄で進化したイチジクとハチ

ここからは「生命論的世界観」に基づいて私たちが生命誌研究館で取り組んでいる具体的な研究内容をお話しします。

皆さんもご存じのように、CO_2を吸収して酸素を供給する熱帯雨林は私たちにとってとても大切な存在です。その熱帯雨林の「キープラント」の研究を紹介します。

キープラント、つまり熱帯雨林でもっとも大事なのはいつも実がなっている木です。実は虫や鳥、動物たちが食べますね。森にとっては彼らの存在が重要です。森は木だけでは成り立ちません。

カギになる木とはイチジクです。私たちが食べているイチジクは品種改良を重ねているので、姿かたちは異なりますけれど、野生のイチジクには、体長1・5〜2ミリ程度のイチジ

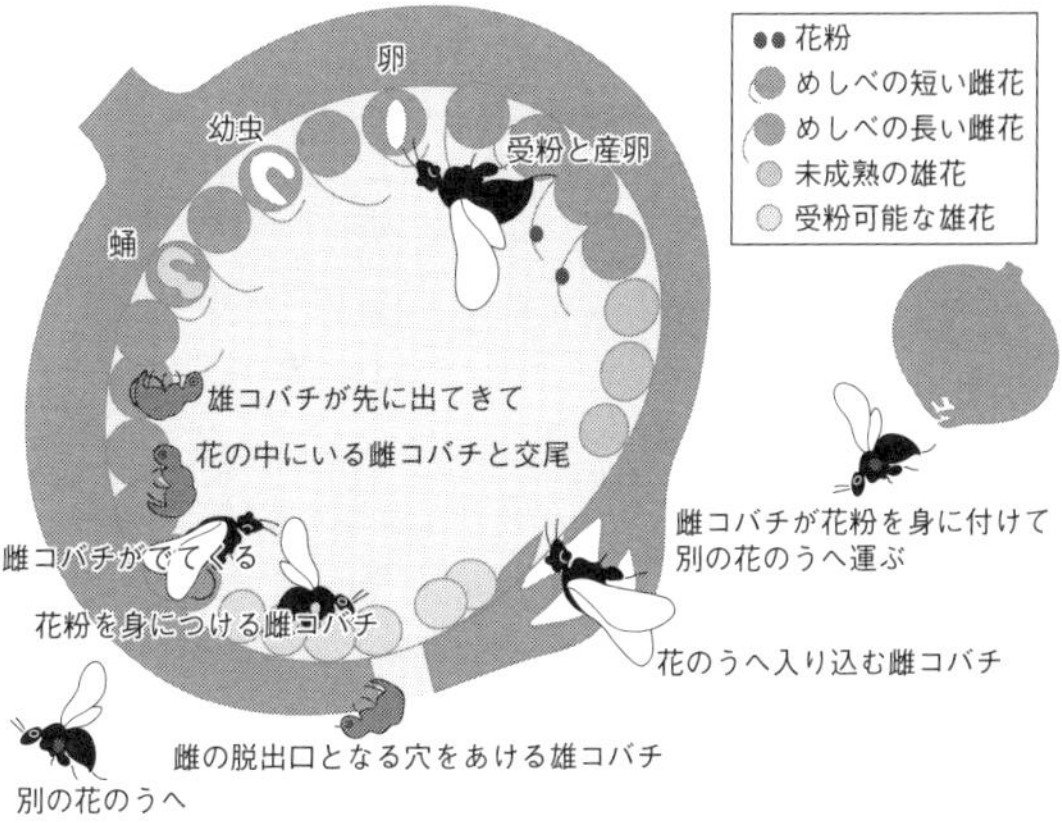

コバチはイチジクのなかで育ち、イチジクは花粉を運んでもらう。典型的共進化

クコバチ（以下コバチ）という小さなハチが共生しています。

イチジクの実のように見えるのは花（花のう）です。イチジクの花のうは実のように閉じているので、受精に必要なおしべもめしべも外側からは見えません。花粉を運んで受精させるのは、ふつうはチョウやハチの役目ですが、イチジクの場合はコバチがその役目を担っています。

コバチはイチジクの花のうの先端に空いている小さな穴から入り込み、卵を産みつけます。卵から生まれた幼虫は子房（めしべの一部分）を食べて成長して、成虫になるとオスとメスは交尾をします。オスはイチジクの花のうを内側から食い破って、大きな穴を開けます。翅《はね》のないオスはそのまま死んでしまいます。花のうのなかだけでオスは生まれてそのまま死んでいくというわけです。ちょっとかわいそうですね。

一方メスはイチジクの花粉を抱えて、外界へ飛び立ちます。そしてイチジクの花のうを見つけて先端の穴から入り込み、卵を産みつける……というサイクルを繰り返します。コバチは自分の子孫がどんどん増えていき、イチジクも花粉を運んでもらえるので次々と花が咲く。これを「相利共生」といいますが、イチジクとコバチの間にはこうした関係ができあがっています。

私たちはイチジクとコバチの興味深い関係を、DNA解析でたどりました。

まずイチジクのなかから11種類を選び、DNAを分析します。そしてよく似ている種類を兄弟と位置づけ、少し異なる種類はいとこと見立てて、家系図をつくりました。すると、イチジクは8000万年くらい前には1種類でしたが、徐々に種類が増えていったことがわかりました。

次に、11種類のイチジクに共生しているコバチのDNAを解析しました。そしてイチジクと同じように、DNAの差によって兄弟といとこを見立てたところ、なんとコバチもイチジクとまったく同じ関係だったのです。イチジク同士が兄弟なら共生しているコバチ同士も兄

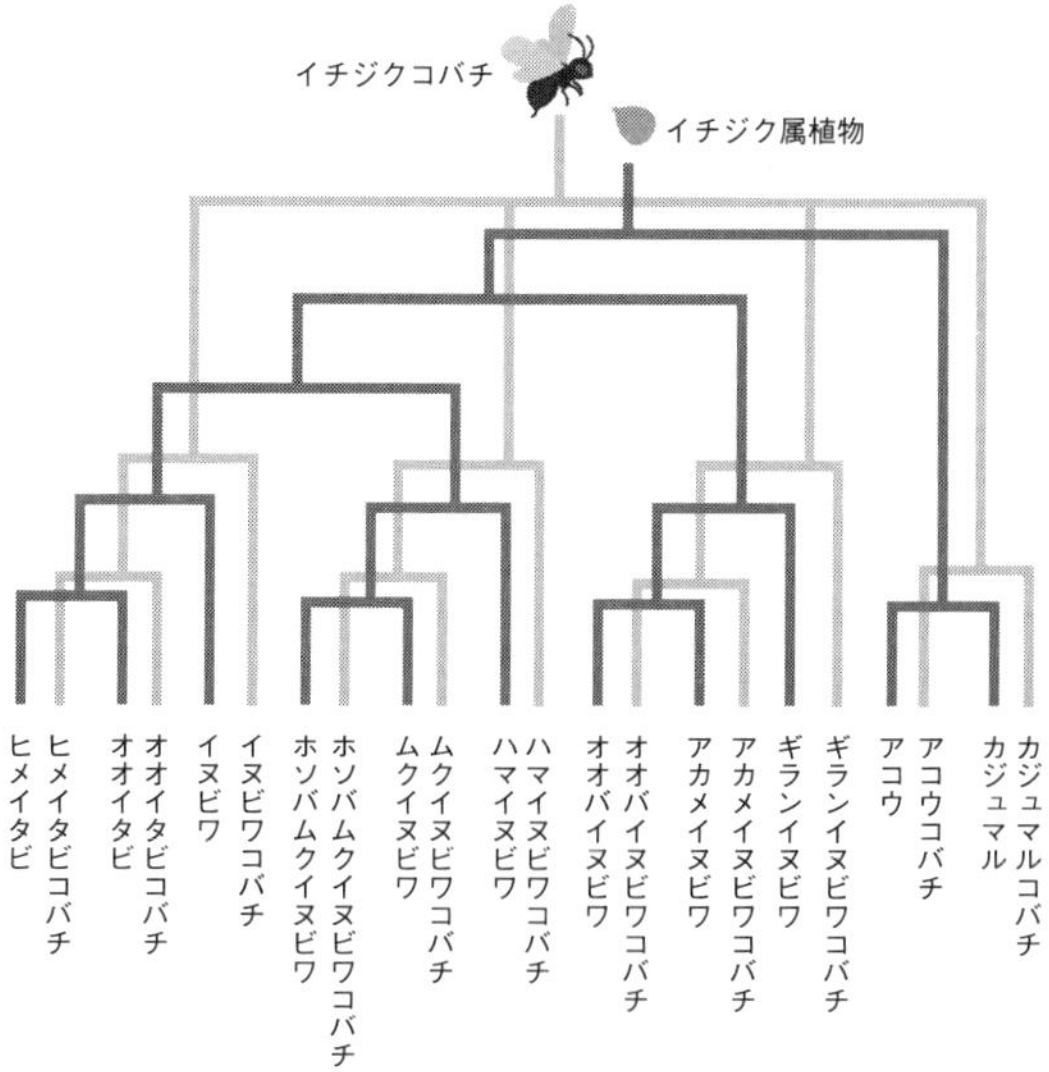

イチジクコバチの系統

弟、イチジクがいとこの関係ならコバチもいとこでした。

イチジクとコバチは1種対1種で、それぞれが助け合いながら互いに進化を遂げてきたことがわかったのです。これを共進化と呼びます。熱帯雨林のキープラントであるイチジクの繁栄を支えていたのはコバチでした。考え方によっては、体長わずか2ミリ程度の小さなハチが、地球上の熱帯雨林をつくっているとも言えるのです。

人間は「植林をしましょう」と言って「5万本も木を植えた」と大騒ぎしますが、森をつくりだす力という点では人間よりもコバチの方が数段上です。

昆虫と木の関係をつぶさに見ていくと、イチジクとコバチのような関係はほかにもたくさんあります。先ほど「生きものは数千万種いる」と言いましたが、そのうちの75％は昆虫です。つまり、地球上の自然の多様性をつくり上げているのは、昆虫であり、それが植物と共同でみごとな自然をつくり上げていると考えることができます。虫けらという見方が間違っていることがわかりますね。

チョウが卵を産む葉を間違えない理由

植物と昆虫のかかわりの例をもう一つ紹介します。

私たちはアゲハチョウとその食性についても研究しています。つい1週間ほど前、国際学会で「すばらしい研究だ」とお褒めの言葉をいただきました。

チョウは種類によって卵を産みつける植物が決まっています。たとえば、アゲハチョウの一種である「ナミアゲハ」は、柑橘《かんきつ》類（ミカンの仲間）にしか卵を産みません。幼虫はその葉しか食べられないのです。そこで、チョウは間違えずに卵を産まなければなりません。でも、たくさんの植物があるなかで、ミカン類をどうやって見分けているのでしょうか？

ナミアゲハの前脚を見ると、先端は鎌のような形状をしています。メスのチョウの前脚には、毛がたくさん生えています。これらがチョウの秘密を解くカギになります。卵を産もうと飛んできたナミアゲハは、まず前足の先端で葉をトントンとたたきます。そこで葉に傷がつき葉の中のいろいろな成分が出てきます。それを足に生えている毛でこすって、「これはミカンだ」とか「ミカンではない」と判断しているのです。

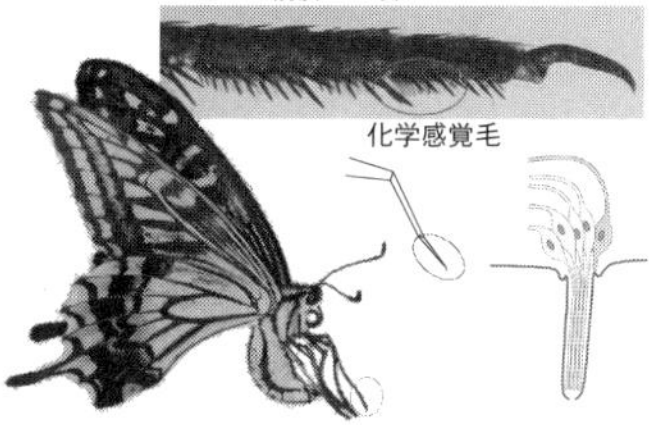

アゲハチョウ味覚細胞の図

葉の種類を識別する機能を持つこの毛は「化学感覚毛」といいます。この毛根の細胞は脳につながっていて、「卵を産んでいい」「この葉は違う」といった指令を出すわけです。ところでこの細胞、興味深いのです。

人間が味を感じるのは舌です。「甘い」「辛い」「苦い」と感じる細胞を味蕾《みらい》と呼びますが、チョウの化学感覚毛の毛根細胞と人間の味蕾の細胞はまったく同じ構造なのです。

こういうところからも、人間は自然の一部だ、他の生きものとつながっているということが実感できます。

「上陸」というチャレンジに学ぶ

地球上での生きものの歴史を考える際に、エポックメイキングと呼んでよい事柄がいくつかありますが、その一つに「生きものの上陸」があります。

38億年前に生まれた地球最初の生命体は、その後33億年間ずっと海のなかにいました。今からおよそ5億年前にようやく陸へ上がりはじめたのです。考えてみればこれは当然のこと。海には、生命の維持に大切な水はたっぷりあるし、太陽から降ってくる紫外線などの有害な光線も遮ってくれますから。

なぜ生きものが陸に上がったのかよくわかりません。でも挑戦をしました。生きものが上陸しなかったら人間は生まれなかったわけですし、陸に上がったからこそ生きものは多様化し、空まで飛ぶようになりました。「上陸」という出来事は、生きものにとってきわめて重要なことだったのです。

最初に陸に上がった生きものは植物です。植物は自然界の基礎ともいえる存在で、植物なくして生きものは生きていけません。最初に上陸した植物はコケやシダでしたが、今は樹高40mや70mといった高木もあります。よくよく考えると、これはすごいことです。たとえばマンションの10階での水道は、エネルギーを使ってポンプを回し、屋上まで吸い上げた水を送っています。しかし、植物は動力を使わずに水を70mの高さまで吸い上げているのです。「機械論的世界観」が人間社会を覆っていたときは、生きものがやっていることなんて「保守的で古いこと」と思われがちでした。しかし、たとえば魚類が水のなかから陸に上がってきて空を飛ぶようになる間に、生きものはどれほど新しいことに挑戦してきたことか……。そう考えると、生きものの進化の凄《すご》さがわかるのではないでしょうか。

魚類のヒレは手になり、エラはアゴとなった

私たちは5本の指がついた手を持っています。生きものが陸へ上がってきてから手ができたんですね。どうやって手ができたかを追いかけていくと、3億8500万年前に生息していたユーステノプテロンという魚のヒレのなかに、私たちの腕の根元にあるものと同じ骨がありました。3億7500万年前のティクターリクになると、原始的な手首と考えられる小さな骨があります。さらに3億6000万年前のアカンソステガは初期の四足動物ですが、なんと指が8本もありました。

また、初期の魚類にはアゴがありませんでした。無顎類《むがくるい》と呼ばれています。私が研究をはじめた頃イタリアの教科書を読む機会があり、そこには「まず最初にアゴのない魚がいまし

た。でも、アゴがなければ口のなかに流れ込んでくるプランクトンを食べるしかない。そこでアゴのある有顎類が出現します。アゴがあれば、自分で獲物を獲ることができます。アゴができたことで積極的に生きることになったのです」と書いてありました。

それを読んだとき、初めて「アゴってすごいんだな」と思いました。お腹がすいたら追いかけていってパクッと食べることができるのですから。アゴを獲得したことで、魚類の生き方そのものが大きく変わったのです。

アゴは、魚の体の前方にあるエラから生まれたもの。そして、魚のアゴの神経は、なんと私たち人間のアゴの神経とまったく同じなのです。魚の中でエラから神経ができてきてアゴになり、さらに現在の人間へと向かう進化がはじまったのです。

このように、生きものは新しいことにどんどんチャレンジして、自分たちの世界を広げてきました。20世紀は「機械と火の時代」でしたから、多大な火（エネルギー）を費やして、原子力発電所をつくりました。コンピュータや携帯電話も急速に浸透しています。もちろん、これは決して悪いことではありませんし、否定するつもりはありません。

しかし、地球の環境問題や福島第一原子力発電所の事故を目の当たりにすると、「機械と火の時代」のままでこの先も進んでいけるとは到底思えないのです。私は、21世紀は「生命と水の時代」にならなければいけないと考えています。21世紀は生きものと水についてよく考えたい。生きものがチャレンジしてきた工夫をもう一度探したい。そして、自然の一部である人間がそれをよく学んで、これまでとは違う角度から新しい技術をつくっていくことがとても大切だと思います。

人間は、生きもののなかでもっとも新しい存在です。しかし、味覚はチョウと同じ細胞を使っています。古いものを上手に生かしながら生きものは多様化してきたわけです。生きものに学ぶべきことは、とても多いと思います。

「人間は自然の一部である」という新しい世界観

機械と生きものの違いを考えてみます。

機械は「構造と機能」がわかればOKです。しかし生きものはそうはいきません。たとえばアリを理解しようと思ったとき、アリをバラバラに分解しても本質はわかりません。そのアリはどのようにして今の姿になったのか。38億年の歴史とほかの生きものたちとの関係を読み解かない限り、ほんとうの意味でアリを理解したことにはならないのです。

もう一つ付け加えると、機械はどれも均一にすることが大事ですが、生きものはどれだけ多様になるかが大切です。

追求することも違います。機械は利便性を追い求めますが、生きものは「つづいていくこと」（継続性）を重視します。生活がどんなに便利で豊かでも、人類という種が途絶えてしまったら意味がありません。「つづく」ということの意味を考える必要がありそうです。

生きものの研究が、「生きているとはどういうことなのか」を調べていくには土台となる生命論的世界観が必要なのです。

生きものの一員として、自分がどう生きていくかを決めて、どういう社会をつくっていくと暮らしやすいかを考える。そして、その社会を実現するために必要な科学技術を考える――。これが科学の本来の順序なのですが、今の社会は逆です。まず技術ありき。しかも技術の前に、経済ありきなんです。社会と生活と思想がないから「どう生きるか」という部分が抜け落ちています。

38億年前に生まれた小さな細胞からさまざまな生きものが生まれ、ときどき絶滅の危機に瀕《ひん》したけれど乗り越えて、そうするうちに霊長類の仲間から二本足で立つちょっと変わった生きもの＝ヒトが誕生しました。生きものは何千万種も存在しますが、ほかの生きものは人間のように高度な文明を持った社会をつくることはできません。

人間は、20世紀に大きなビルが建ち並び、その間を電車や自動車が走り、飛行機が空を飛び、コンピュータが至るところで使われる、そういう社会をつくってきました。

人間が脳など独自の能力を生かしたことはとても重要です。だからこそ、このような社会をつくることができたのですから。それを否定しませんが、でも人間は自然の一部であるということを忘れてはいけないのです。都市や先端技術といった文明社会だけでは、人間は生きられません。

虫を愛づる文化を持つ日本という国

今お話ししたような新しい世界観を支える言葉を最後にご紹介します。「愛《め》づる」です。

この言葉は、平安時代後期の短編物語集『堤中納言物語《つつみちゅうなごんものがたり》』に収められている「虫愛づる姫君」という物語から拝借したものです。少し説明しましょう。

およそ１０００年前の京都に、ちょっと変わったお姫さまが暮らしていました。男の子たちに虫をたくさん集めさせたうえ、１匹ずつ名前をつけてかわいがっていたのです。お姫さまのいちばんのお気に入りは毛虫でした。「かわいい、かわいい」と大切にしていた。だから「虫愛づる姫君」なのです。

両親はちょっと困っています。このお姫さまは裳着《もぎ》を済ませたりっぱな成人（13歳くらい）なのですが、お歯黒や引眉《ひきまゆ》といった当時の女性がしていたお化粧をまったくしないのです。両親が注意しても「人間はそのままの姿がいちばん美しいのだから」と相手にしません。

あるとき、両親が毛虫をかわいがっているお姫さまに「そんなことばかりしていたらダメですよ」と注意します。しかしお姫さまはこう言いました。「みんなはチョウになったらかわいいと言い、毛虫のときは気持ち悪いと言う。でも、チョウになったらすぐに死んでしまうのだから、むしろ生きる本質は毛虫にあると思うのです」と――。

「この姫君はすばらしい」と思うのです。日本文学のなかでは変人と言われていますが、生きものをよく見つめ、真剣に調べて、その本質をつかんだうえで自分の生き方を選択しているのです。これは現代に通じる世界観だと思います。

ちょっと調べてみました。日本以外の国で1000年前にこれだけ自然と生きもののことを考えた人がいたかと……。でも、いませんでした。

日本は、自然についてよく考える、すぐれた国なのです。なぜでしょうか？　それは日本の自然がすばらしいからです。砂漠の真ん中では「虫愛づる姫君」のようなお姫さまは生まれようがありません。

1000年前からつづく、自然を大切にする日本の文化を受け継ぎながら、コンピュータなど新しい技術を生んだ20世紀も踏まえたうえで、新しい科学や科学技術をつくっていくこと。21世紀はとてもチャレンジングな時代です。私はこのような新しい社会はできると思います。逆にできなければ、人間の未来はあまり明るくないでしょう。

自分の体のなかには38億年にもおよぶ生きものの歴史が入っているという事実。それをベースにものごとを考えていく「生命論的世界観」を持つこと。それを忘れないで、日常生活を過ごすようにして下さい。

皆さんが進学してこれから何を学ぶのかはわかりません。しかし、21世紀という時代を生きていくための一つの考え方として、今日の話を頭の隅に置いて下さったら嬉《うれ》しく思います。

◎若い人たちへの読書案内——すばらしい科学者によるすてきな本

中高生時代は本を読む時であり、その頃読んだ本が、その後の考え方に影響を与えます。ですから何でもよい。どんどん読むことを勧めます。

そこで大事なことが見つかるはずの本を紹介しましょう。

湯川秀樹『宇宙と人間 七つのなぞ』（河出文庫）
江上不二夫『生命を探る』（岩波新書）
ジェームス・D・ワトソン『二重らせん』（講談社文庫）

湯川先生の7つのなぞは、宇宙、素粒子、生命、ことば、数と図形、知覚、感情です。みんな知りたいことばかりですね。素粒子研究で日本初のノーベル賞（物理学）を受賞なさったすばらしい方、私は生物学の研究会で御一緒しました。これでも分かるように、専門の物理学だけでなくあらゆるふしぎに関心を持ち、勉強をしていらっしゃいました。いつも謙虚に分からないことは分からないとおっしゃって皆と一緒に考える。研究者としてとても大事なことを教えて下さった方です。この本のことばの章では、お孫さんが言葉をおぼえていく過程の観察に始まり、さまざまな国のことばの比較や言葉と文字の関係などあらゆるところへ考察が広がります。優れた研究者の考える過程がわかるとても楽しく学ぶことの多い本です。

江上先生の『生命を探る』は1967年に出版された生化学の本であり、その後の50年ほどの間に生命科学は急速に進歩しました。ゲノムやiPS細胞などはこの本には書かれていません。けれども「生命とはどういうものか」という問いに始まり、生命の起源、宇宙生物学、生命の合成まで続く本書の中で語られる話題は今も重要なことばかりです。むしろ今のように大量のデータにふり回されずに生命の本質を考えているためにとてもわかりやすく大事なことが見えます。とくに18世紀の頃からの生化学の歴史が書いてある第一章は、考えることの意味を教えてくれます。

面白いエピソードを一つ。江上先生が研究している核酸（DNA・RNA）が生物にとって重要と話したら、「じゃあ、核酸を食べたら丈夫になるね」と言われたのだそうです。もちろん先生は、本質的なものだから食べる必要などなく体内で作られるのだと答えました。研究者と一般の人のずれは今もたくさんありますね。

3冊目はJ・D・ワトソンの『二重らせん』です。20世紀の科学の中で最大の成果とも言われるDNAの二重らせん構造の発見は、生物専攻の25歳のアメリカ青年J・D・ワトソンと37歳のイギリス人物理学者F・クリックの2人によってなされました。1953年のことです。この時の発見物語をワトソン自身が描き出したとてつもなく面白い物語です。それまでの科学者に関する本は、偉人伝でしたが、ここには競争意識を持って妬み合ったり、相手を出し抜いたりする人間臭さがいっぱいです。手づくりのブリキの模型をつくるところなど、研究はお金じゃないと語ってくれます。

それぞれの特徴を持ちながら、科学の楽しさを教えてくれる3冊の本です。

これらの本を読んだうえで、今回お話しした生命誌の本も手にとって下さると嬉しいです（たとえば**中村桂子『生命誌とはなにか』**（講談社学術文庫））。

宇宙はどのように生まれたか

——現代物理学が迫るその誕生の謎

佐藤勝彦

さとう・かつひこ
１９４５年、香川県生まれ。１９７３年京都大学大学院理学研究科物理学専攻修了。北欧理論原子物理学研究所客員教授、東京大学教授などを経て、自然科学研究機構長、東京大学名誉教授。専攻は宇宙論、宇宙物理学。１９８１年に「インフレーション理論」を提唱、宇宙論研究を世界的にリードする。著訳書に『宇宙はわれわれの宇宙だけではなかった』（ＰＨＰ文庫）『ホーキングの最新宇宙論』（日本放送出版協会）など、一般向けのものも多数。

宇宙探索の原動力は「素朴な疑問」

物理学の大きな目的は、私たちが生きている世界がどういうものかを説き明かすことである。研究が進むにつれて、身近な携帯電話やインターネットなどの技術の発達につながるような役に立つ知識も数多く得られた。

今回お話しするような宇宙を舞台にする研究も、元を正せばだれもが抱く日常的な疑問が出発点だ。皆さんは小さい頃に、親にこんな疑問をして困らせたことはないだろうか。「空のずっと上には何があるの?」「世界っていつ始まったの?」……と。こういった疑問は子どもだけではなく、大昔から人類が考え続けているものなのだ。仏教では世界の構造を「三千大千世界」という言葉で説いた。もちろん科学的ではないが、何とかして解釈しようとしていたことがわかる。学問の分野に当てはめると、地理学だ。大航海時代には自分たちの住んでいる世界の外を冒険するという意欲に駆られ、さらに遠くへと旅をするようになった。

私たちはまた、宇宙や世界の始まりを知りたいという欲求も持っている。こちらは歴史学になるだろう。あらゆる宗教も、独自の論理で世界の始まりを説明しようとしている。キリスト教の旧約聖書によれば、1週間で神が宇宙をつくったことになっている。日本の古事記ではイザナギノミコト、イザナミノミコトが天沼矛《あめのぬぼこ》でどろどろした下界をかき混ぜて日本をつくったと書いてある。宇宙や世界の起源についても疑問を持ち探求してきたのだ。

宇宙論は、簡単にいえば時間と空間の学問だ。世界の構造や起源の問題を物理学の宇宙論として科学的に研究できるようになったのは、アインシュタインの相対性理論以降だ。それまでは、哲学や宗教の問題として考えられていて科学の言葉でまともに答えられるようなものではなかった。相対性理論はそういった謎を解く発想の土台になったのだ。

アインシュタインはこんな言葉を残している。

「私は神がどのような原理に基づいてこの世界を創造したのか知りたい。そのほかのことは小さなことだ。」

「私の最も興味を持っていることは、神が宇宙を創造したとき、選択の余地があったかどうかである。」

もちろんアインシュタインは無神論者であったが、「神」という言葉を使って宇宙の問題に挑むおもしろさを述べているのだ。今、アインシュタインの相対性理論が生まれて1世紀が経《た》った。この間に、宇宙の構造や起源について答えられることが増えた。この講義では、相対性理論以降の宇宙探索の歴史と新たな謎についてお話しする。

浦島太郎を体験できる⁉

相対性理論という言葉はよく耳にするだろう。先程述べたように、アインシュタインによって発表されたもので2段階あり、特殊相対性理論が1905年に、より汎用性の高い一般相対性理論が1916年につくられた。

特殊相対性理論をひと言でいうと、「浦島効果」の理論で、一般相対性理論のほうは宇宙がビッグバンから始まったことを説明できる理論だ。また、楽しいことばかりではなく原爆や水爆に応用されている理論でもある。

まずは特殊相対性理論について解説する。「浦島効果」とは、高速で移動するものはおとぎ話の浦島太郎のように未来に行ってしまうということだ。

若い宇宙飛行士が地球に奥さんと子どもを残して宇宙旅行に出たとする。ロケットの速さは光速度に近く、その0・9998倍と仮定しよう。1年後に地球に戻ると、なんと奥さんは50歳も年をとっている。子どもも自分よりもはるか年上になってしまっているのだ。ロケットの中の宇宙飛行士の時計は確かに1年しか経っていない。しかし地球では50年も時間が経ったことになるのだ。特殊相対性理論はこういう現象を説明する理論だ。

式で表すと式①のようになる。

$$T=\frac{t}{\sqrt{1-\left(\frac{v}{c}\right)^2}}$$

T＝地球の時間
t＝ロケットの時間
v＝ロケットの速さ
c＝光速度

式①

先程の宇宙飛行士の例だと、ロケットの中の時間が地球より50分の1も遅く進んでいた。つまり光速度くらいスピードの大きい乗り物に乗って移動すれば、未来へ行くことができるというわけだ。あまりにも普段の生活からかけ離れていて想像できないかもしれないが、実は皆さんが飛行機や新幹線などに乗って移動したとき、ごくごくわずかではあるが未来に行っている。もちろん普通の時計では計ることはできないが、非常に正確な時計で計ると少し進んでいる。スピードが大きいものに乗れば未来に行くことができる。つまりそれの時間の進み方が遅くなるということだ。

ちなみに、この式は難しそうに見えるが、ピタゴラスの定理をちょっと応用すれば簡単に導き出すことができる。興味があれば挑戦してみてほしい。

授業中の教室は時間も空間もゆがんでいる

もう一方の一般相対性理論は、特殊相対性理論を広い範囲に使えるものだ。地球などの万有引力が働いている場で展開することができる。

　こちらには特殊相対性理論とは違い、高度な数学が必要だ。大学の物理学科でも勉強できるわけではない。しかしこの理論の「心」は、皆さんにもわかるはずだ。

　時間や空間という舞台の上で、野球のボールや私たちの体や、それから原子や分子などがどのように運動するのか、ということを調べるのが物理学の基礎になっている。近代物理学の祖といえばニュートンだ。彼は物体の運動を考える際、時間と空間は不変のものだとした。「いつ」「どこへ」ということをはっきりと指し示し計算することができる。ボールはきれいな放物線を描いて、予定通りの場所に落ちる。たとえていうなら、物質は「石舞台」の上で演舞するというわけだ。石は硬いから床がへこむことはない。

　ところが、アインシュタインがいうには、時間や空間はトランポリンのように柔らかい舞台なのだ。重いボールを置けばへこんでしまう。皆さんが今座っているこの教室の時空も、実はゆがんでいる。講義が始まるまではだれもここにはいなかったから、時空はより平坦だった。しかし今は部屋いっぱいに人がいる。皆さんの体は物質でありエネルギーであるから、時空の舞台はへこんでいるはずだ。

　この部屋で、三角形の内角の和を調べてみるとする。わざわざ調べなくても、小学生の時学んだように、内角の和は180°だと知っているだろう。しかし、この空間のゆがんだ部屋で計ってみると、実は正確に180°にはならずほんの少しずれている。空間だけではなく、時間の進み方も少し違っている。エネルギーによって時間や空間はゆがむものだということを、アインシュタインは示したのだ。

一般相対性理論の式②も見てみよう。

$$R_{\mu\nu}-\frac{1}{2}g_{\mu\nu}R=\frac{8\pi G}{c^4}T_{\mu\nu}$$

式②

右辺は、物質やエネルギーがどのように分布しているのかを示している。皆さんがこの部屋のどこにどのように座っているのかということだ。そして左辺では、時間と空間の幾何学を表す量を表していて、時空の曲がり方が計算できる。これがアインシュタイン方程式の神髄だ。皆さんも、一般相対性理論の「心」をなんとなく感じる瞬間があるかもしれない。

この式によって、エネルギー（つまり物質）と時間と空間が三位《さんみ》一体《いったい》で、一緒に変化するということが示された。それによって、いよいよ宇宙の研究が本格的にできるようになった。

身近に応用される一般相対性理論

一般相対性理論は大学でも必修科目としては勉強しないといったが、その大きな理由は日常生活にほとんど役に立たないからだ。この教室の時空も計算上では曲がっているはずでも、エネルギーや物質の量がそれほど大きくないので曲がり方もわずかでしかない。地球上での物理学にはニュートン力学でじゅうぶんなのだ。もっとも、ほんとうに正確に計算する場合は必要になる。

しかし、それも今までの話だ。現代ではテクノロジーが非常に発達して日常生活にもどんどん取り入れられている。ハイテクの世界では極めてわずかの誤差が重大な問題につながってしまう。だからこれからの物理学では一般相対性理論も必要になってくるだろう。

そのいい例が、皆さんご存じのGPS。カーナビに使われたり携帯電話の機能として搭載されている。24個ほどのGPS衛星は上空2万kmの高度を周回している。そのうち数個の電波を受信しそれぞれの到着時刻のわずかな差から位置を割り出しているものなのだ。実は、人工衛星は猛スピードで動いているから、時間の進み方が遅くなるため、補正が必要になる。人工衛星に載せてある原子時計は、地上の時計よりも毎秒100億分の4・45秒だけ、遅く進むように設定されており、ちょうど地球にやってきたときに地球の時計と一致するようになっている。GPSにはとてつもなく小さな量の時間が使われるので、こういった一般相対性理論に基づいた補正が必要なのだ。最近のGPSは非常に発達して1～2mの差も正確に示してくれる。もし補正されなければ、見る間に場所を間違えて、使い物にならないだろう。これからさらにテクノロジーが発達すると、一般相対性理論は宇宙の話だけではなく日常生活に役立つものになるはずだ。

宇宙は膨張し続けている

ここまでは宇宙論の土台になるアインシュタインの相対性理論について解説した。これから、その理論を土台にして宇宙の起源の構造についてどのように解明されてきたのかをお話しする。

その前に、簡単に「私たちの宇宙」について復習しよう（図1）。

私たちは太陽系の惑星の一つである地球に暮らしている。太陽系は、天の川銀河の一角に存在する。天の川銀河はレンズ状で、2000億個ほどの恒星の集まりだ。この銀河の中心から3万光年の位置に太陽系がある。銀河からスケールをさらに広げていく。銀河は宇宙には無数にあり、天の川銀河は一つの銀河にすぎない。お隣のアンドロメダ銀河は、230万光年離れたところにある（図2）。また、天の川銀河の周りには大マゼラン星雲、小マゼラン星雲という二つの子どもの銀河が回っている。

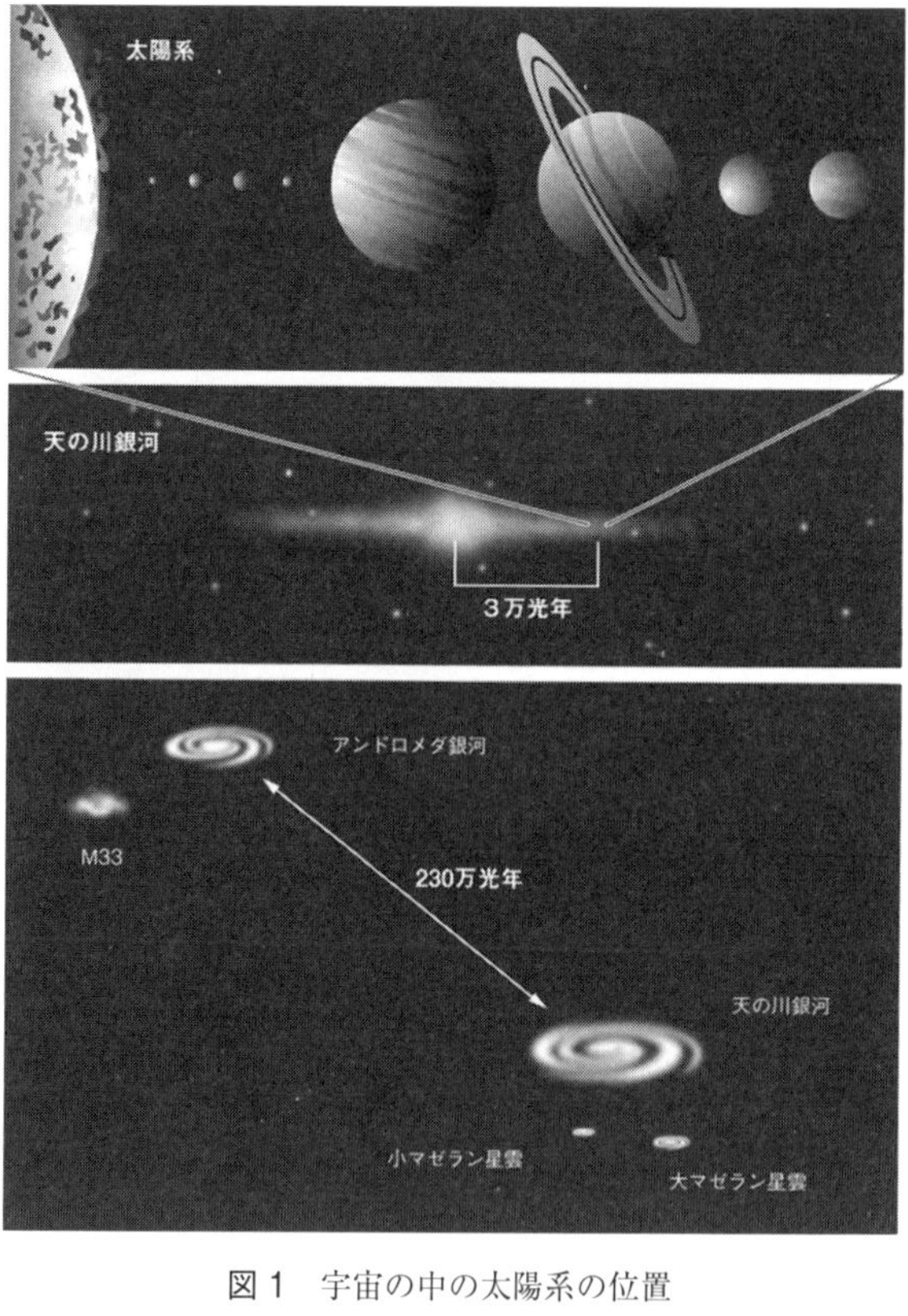

図１　宇宙の中の太陽系の位置

図２　アンドロメダ銀河（提供：NASA)。太陽系が属している天の川銀河からはおよそ230万光年離れている

さらに大きいスケールで見ていくと、宇宙には無数の銀河が存在し、しかも群れをつくっていることがわかった。壁状に銀河が集中している部分もあるし、おもしろいことに、ほとんど銀河がない空間もある。銀河は「はちの巣構造」で分布しているのだ。

では、最初の素朴な疑問に戻るが、宇宙はどのような構造なのだろうか。

アインシュタインは、相対性理論を提唱した後すぐに、宇宙論に応用して彼なりの「宇宙モデル」をつくり上げた。そのモデルとは、宇宙は凹凸のない一様な空間であると見なしたものだった。しかし相対性理論を用いると、宇宙は収縮しつぶれてしまうものになってしまった。そこで空間が互いに押し合って収縮を避ける式に特別な項目を導入して「定常宇宙モデル」を提唱した。

しかしこの後、宇宙は一様ではなく実は膨張していることがわかってきた。1929年のことだ。アメリカの天文学者ハッブルは、当時最新鋭の望遠鏡を使って、遠くの銀河の観測を行っていた。そして、遠くにある銀河ほど速い速度で遠ざかっていることに気づいた。後に「ハッブルの法則」と呼ばれるこの発見は、アインシュタインのモデルとは逆の、「膨張宇宙モデル」を裏づける重要なものだった。

「ハッブルの法則」は次のように考えるとわかりやすい。ゴム風船を宇宙と仮定し、銀河に見立てたコインを貼りつけた。これを膨らませて1秒間に2倍の大きさにしたとする。もともと1cm離れていたコイン同士の間隔は2cmに、2cmだったものは4cmに、というぐあいに離れていく。同じ1秒でも遠くにあるもの同士の方が遠く離れる、すなわち遠くにあるほど速いスピードで遠ざかるというわけだ。

「宇宙は膨らんでいる」という事実は、当時の人々の世界観を変えてしまうほどのインパクトがあった。宇宙は永遠不変の場ではなく、始まりがありそして膨張し続けているのだ。

宇宙開闢《かいびゃく》の瞬間に迫る

ハッブルの発見によって、宇宙の起源に一歩だけ近づいた。宇宙が膨張しているということは、当然のことながら必ず始まりがあることになる。1948年、物理学者ガモフは、宇宙の始まりは「火の玉」だったという理論を提唱した。これが今日いうところの「ビッグバンモデル」である。しかし、「始まり」を考えるには、当時はわからない要素があまりに多く、また宇宙は「永遠に続いていくもの」と考える向きも強かったため、長い間決着がつかなかった。しかし1964年、ついに宇宙が熱い火の玉で始まった証拠が発見された。ガモフは宇宙の始まりが「火の玉」であった証拠が現在の宇宙に残っているはずだといっていた。光は宇宙が膨張すると赤外線になり、次第に電磁波になっていく。こうした電磁波（マイクロ波、3度K宇宙背景輻射《ふくしや》）が現在の宇宙を満たしていると考えていたのだ。1965年、アメリカのベル・テレフォン研究所の研究者A・ペンジャスとR・ウィルソンは、別の実験の中で偶然にこのマイクロ波を発見した。

1991年にはアメリカの人工衛星COBEの観測から、アメリカの物理学者J・マザーは電磁波のスペクトルを測定し確かに宇宙の始まりから来ているということを確認した。彼はノーベル物理学賞を受賞した。この発見によって宇宙の始まりは火の玉の爆発だったという「ビッグバンモデル」が裏づけられた。次第に、宇宙の初期を研究する流れが強まってきた。宇宙の始まりを研究するには最もミクロな物質の構造、素粒子の理論が必要である。最新の素粒子物理学に基づいてビッグバン宇宙の起源の研究が大きく進んだのである。

宇宙は「私たちの宇宙」だけではない

ビッグバンの起源を説明する前に、まず、その基礎となっている素粒子の理論、「力の統一理論」について説明しよう。これは、自然界に存在する基本的な力を一つの統一された理論で説明しようという理論だ。素粒子の研究が進んだことによって、私たちの物質世界は四つの力が支配していることがわかった。まず、重力。これは知っている通り、何かものを落とせば地面に落ちるような力だ。次に電磁力。電気のもとはこの力であるし、携帯電話などでも働いている。私たちの脳や筋肉を動かしている「生体化学反応」もこの力の作用によるものだ。残りの二つは「強い力」と「弱い力」と呼ばれているもので、原子核の研究によってわかってきた。「強い力」とは、原子核の陽子や中性子を引きつけ合っている力。原子爆弾の爆発エネルギーや原子力発電のエネルギーのもとにもなっている。「弱い力」は中性子が崩壊するときに働くもので、最もなじみがないだろう。

「力の統一理論」によれば、これら四つの力は初期の宇宙ではただ一つの力だった。つまり「力」は、人がサルから進化したように、進化の過程を経て今の状態になっているといえる。

宇宙が始まって非常に短い時間が経ったとき、一つの力から重力が枝分かれした。次に「強い力」が、そして最後に「電磁力」と「弱い力」に分かれたということがわかってきた。現在では、宇宙のごく初期に、四つの力に分かれていったというシナリオが描かれるようになった。

統一理論は宇宙初期で起こる力の枝分かれは、真空の相転移によって起こることが示されている。相転移とは物理用語で「ものの性質（相）が、エネルギーの働きによってまったく異なる状態に変わること」である。身近な例では、水が蒸発して水蒸気になったり、水が氷になるといった現象がある。空っぽだと考えられていた空間、「真空」も状態が変化してきたのだ。力の分化は相転移の度に生じた。

アインシュタインも晩年に「力の統一理論」の研究に取り組んでいた。今でもこの理論は完成していないが、統一理論が深まるにつれて、宇宙のイメージはさらに動的なものになってきた。

私たちは、宇宙初期で起こるこの相転移が起こったとき、力の枝分かれのほかに何が起こったのか、宇宙の構造をがらりと変えるようなダイナミックな変化が起こったのではないか、という疑問を持ち、相転移を詳しく調べていった。すると、宇宙が急激に膨張しているとい

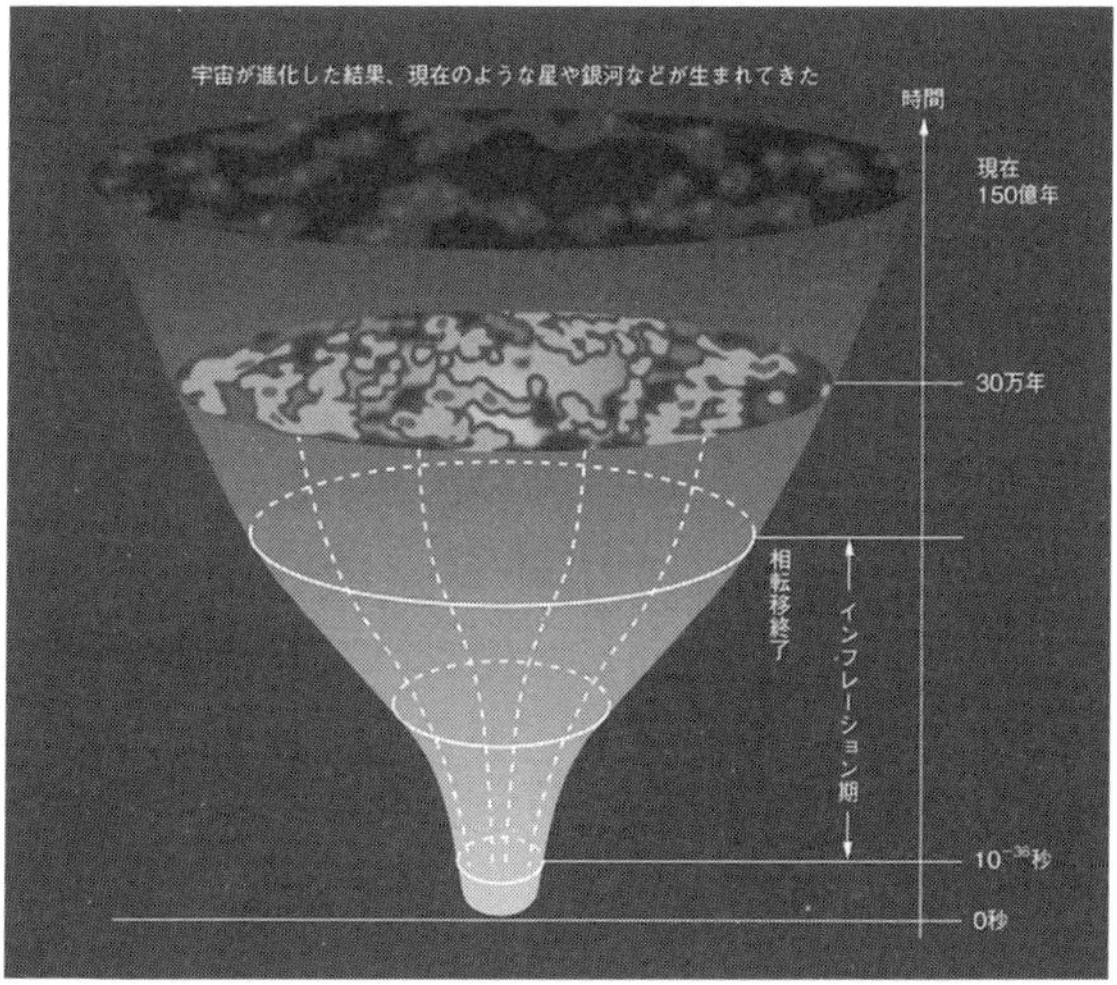

図3　インフレーションと宇宙の進化

う事実が明らかになったのだ。この現象をインフレーション（急膨張）と呼び、最近では、宇宙の起源はインフレーションを基点に考えられるようになった。宇宙の誕生する様子もこの理論によって解明されつつある（図3）。

宇宙は生まれた直後にインフレーションを起こす。インフレーション直前の宇宙は非常に小さく温度もゼロであった。そんな宇宙の卵は大きな真空のエネルギーを持っていたため、それに働く空間を押し広げる力によって急激な膨張を起こす。大きい真空のエネルギー状態のまま、大きくなった宇宙で相転移が起こり大きな真空のエネルギーは消滅し莫大《ばくだい》な熱エ

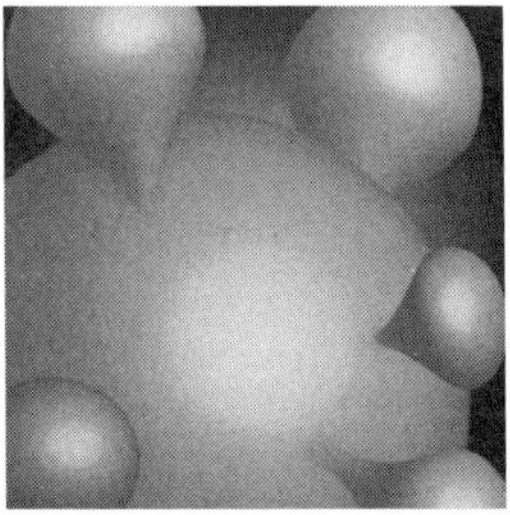

図4　ワームホールの発生

ネルギーに転化、開放された。これが「ビッグバン宇宙モデル」がいうところの「火の玉」の状態だ。

　インフレーションの段階で空間に物質密度の揺らぎができてきた。これは銀河や星などの宇宙の構造の種だ。宇宙が膨張するにしたがって種もだんだんと成長し今のような姿になった。これが今考えられている宇宙の進化の過程だ。

　力の統一理論から、初期の宇宙の姿がわかってきた。しかしそれだけではない。アインシュタインの相対性理論を使って相転移の瞬間をさらに詳しく調べると、驚くべきことが導き出された。なんと、相転移は宇宙のあちこちで起こっているのだ。エネルギーの高い領域ではインフレーションが続き、低くなった領域では膨張は穏やかになっている。宇宙が、あたかも水が沸騰して泡が出ているような凸凹《でこぼこ》の状態なのだ。

　エネルギーの高い領域はどんどん膨張して、キノコが成長するように広がっていく。親の宇宙から子どもの宇宙ができてくる。親の宇宙と子どもの宇宙をつなぐくびれた構造はワームホール（虫食い穴）と呼ばれている（図4）。いわばキノコのカサと地面をつないでいる茎の部分だ。親の宇宙と子どもの宇宙は、ワームホールで隔てられている。親と子の因果関係が切れると、子どもの宇宙は一人前の自立した宇宙になる。このようにしてたくさんの宇宙が生まれてきたのだ。しかも子どもの宇宙からも孫の宇宙が生まれ続けている。宇宙は際限なく生まれている、ということがわかってしまった。なんと奇妙で不思議なことだろう。宇宙は、今私たちが生きているもの一つだけではないのだ。

宇宙の始まりを観測する

1990年、NASAはハッブル宇宙望遠鏡を打ち上げた。この望遠鏡の目的は、ハッブルの提唱した宇宙の膨張の速さを、観測によって求めることだった。続いて1993年にはスペースシャトルエンデバー号が打ち上げられ、ハッブル宇宙望遠鏡を改良し、より正確な高解像度の画像を得ることができるようになった。その結果、宇宙の誕生は138億年前だと推定された。

インフレーション理論は、さまざまなすばらしい理論によって導き出されたものだが、それがほんとうなのかどうかを確かめられないと、信用することができない。一体それほど大昔の現象を確かめることなどできるのだろうか。実は原理的にはインフレーションの瞬間まで戻って確かめることができる。その理由は極めて簡単だ。アンドロメダ銀河は地球から230万光年の距離にある。ということは今晩皆さんがアンドロメダ銀河を見るとすればそれは230万光年前の姿だ。逆に、アンドロメダ銀河に住んでいる人から見れば、彼らが今日見る地球は230万光年前の地球になる。つまり、遠くを見れば見るほど宇宙の過去が見えるということなのだ。宇宙誕生の瞬間を確かめるためには、138億光年のところを観察すればよいということになる。

人工衛星COBEは宇宙全体から届くマイクロ波電波を観測した。そして宇宙が生まれてたったの30万年しか経っていない頃の姿を描き出した（図5上）。ビッグバンから30万年頃までは、火の塊であったために不透明で、電波や光では見ることができない。だから30万年後の姿なのだ。

この図では、電波の強いところと弱いところを濃淡で表わしている。この揺らぎが、先程述べた「宇宙の種」である。インフレーションが仕込んだ凸凹だ。この観測結果は理論が予測する姿とみごとに一致していた。これらを観測したG・スムートはJ・マザーとともにノーベル物理学賞を受賞した。

NASAは、2001年にはCOBEの後継機としてWMAPを打ち上げた。より細かく観

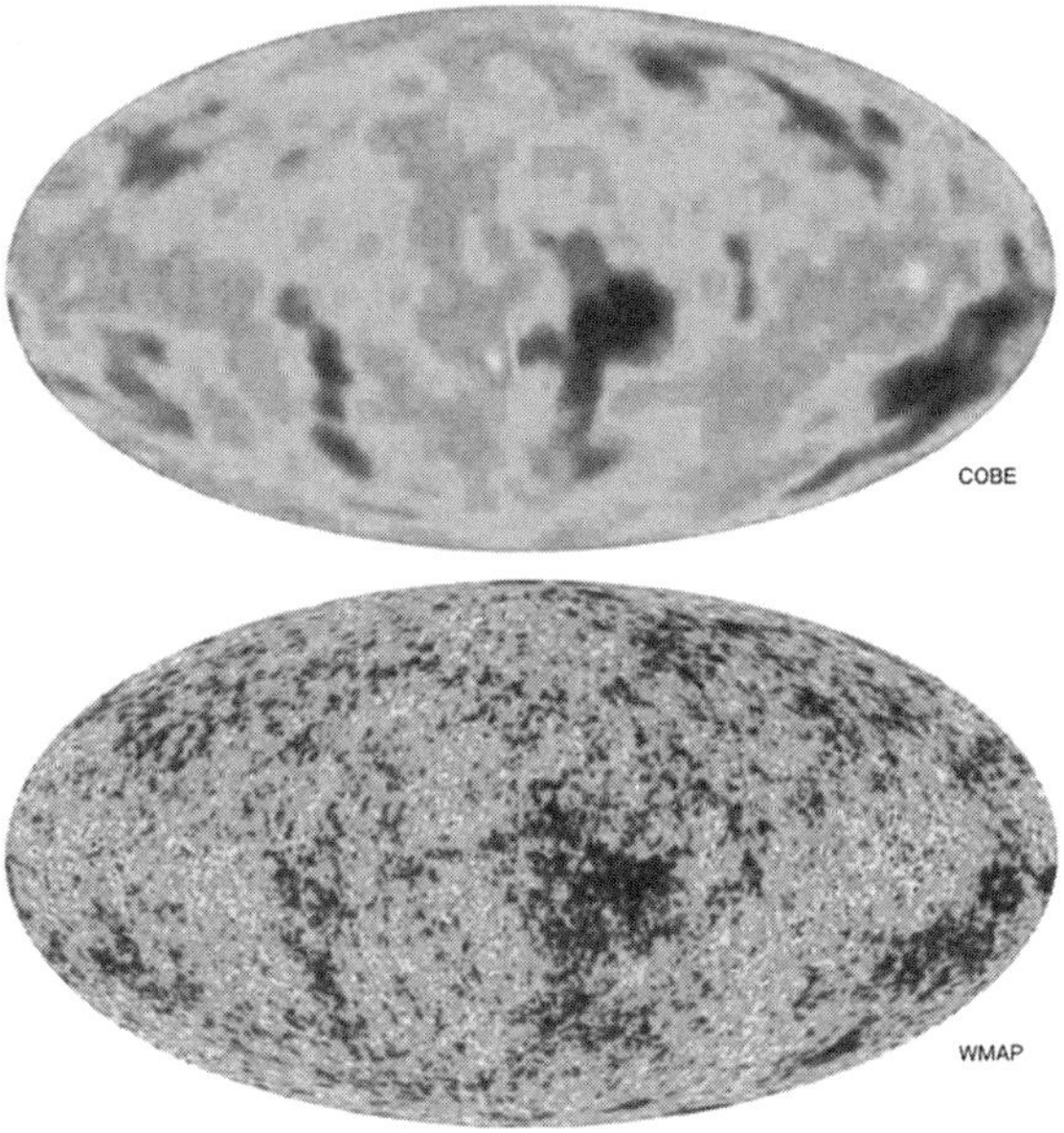

図5　人工衛星COBEとWMAPの描き出した宇宙誕生の姿（提供：NASA）

測できるため、はるかに鮮明な画像を得ることができた（図5下）。さらに2009年欧州宇宙機関（ESA）は、プランク衛星を打ち上げ、より細かなデータを得たのである。そして凸凹の様子を調べると、宇宙の年齢が138・2億であるとわかった。

最近ではコンピュータシミュレーションが、宇宙の初期の姿を再現してくれるようになった。COBEとWMAPが観測した揺らぎが、重力によって凝縮し、銀河や星が形成される過程が再現され、見ることができる。「B.C.4004年10月22日土曜日午後6時」。これは何の時刻かわかるだろうか。実は17世紀のアイルランドの牧師アッシャーが計算した、宇宙創生の時刻なのだ。彼は、旧約聖書と新約聖書に記されているさまざまな出来事を計算して、「はじめに光あり」、つまり聖書がいうところの世界が生まれた瞬間を知ろうとしたのだ。4000年と140億年。人間の想像と実際の宇宙の歴史がかけ離れていることがよくわかるだろう。現在では、宇宙論が深まり、宇宙の起源と140億年にわたる進化が大筋ではわかるようになった。

発見によって生まれる新たな謎

皆さんは、勉強をしていろいろな新しいことを知ると、そのうち知らないことなどなくなって、すべての物事がわかるようになると思っているかもしれない。しかしそれは大きな誤解で、知れば知るほどおもしろくて深いさまざまな問題に出会い、むしろ何も知らないということを知るようになる。特にそれは科学の常だ。一つの発見によってどんどん知識の世界が広がっていく。

宇宙の起源と構造についてかなりわかるようになったが、謎はますます増えてきた。一つは暗黒物質だ。実は宇宙を構成する物質の正体はまったく不明なのだ。私たちの体や星をつくっているような「普通」の物質は宇宙の中にたった4％しかなく、よくわからない物質が銀河の塊を取り囲むように存在している。また、宇宙全体に、何だかわからない暗黒エネルギーが広がっている。空っぽの空間だと思われていたものは、不思議なエネルギーが満たされているのだ。

暗黒物質や暗黒エネルギーの正体はまだわかっていない。ただ、これらがもたらす効果は予想されている。宇宙はインフレーションによって火の玉になり、膨張するという進化を遂げたが、実は驚いたことに今もう一度加速度的な膨張を始めている。第2のインフレーションともいわれている。この膨張は暗黒物質・暗黒エネルギーによって引き起こされていると考えられている。

宇宙の研究は、大昔から天文学的な観測によって築かれてきた。今でももちろんたいせつな部分だ。一方で理論の構築や実験もさらなる発展のために欠かせない要素である。インフレーション理論も力の統一理論と素粒子の理論から導き出された。これからはミクロの世界の素粒子の研究がますます必要になってくるだろう。

素粒子の研究は、ノーベル賞を受賞した小柴《こしば》さんの弟子たちのスーパーカミオカンデや、つくばの高エネルギー加速器研究機構で進められている。また、２００８年9月には、欧州原子核研究機構（ＣＥＲＮ）がスイスとフランスの国境に、世界最大の衝突型加速器（ＬＨＣ）を建設した。世界で1台だけの巨大な加速器でものすごい金額がかかるし、装置を共有の財産にするためにも、国レベルではなく多くの国々が協力して進めている。

アインシュタインの相対性理論から1世紀、私たちは宇宙の起源や構造の研究を進めてきた。そしてこの数年でようやく、宇宙の年齢や進化の過程が大筋ではわかってきた。解明されたことも多くある一方で、暗黒物質など私たちの理解を超えた物質の存在など、新たな謎も生まれた。21世紀はこれまでの成果をさらに発展させていけるはずだ。若い皆さんにはぜひこのようなスケールの大きい分野に挑戦してみてほしい。

◎若い人たちへの読書案内

私が、物理学や宇宙物理学の分野を志すきっかけになった本の一つは、**ガモフの『不思議の国のトムキンス』（白揚社）**である。中学生のころ学校の図書室で借りて読んだ。ガモフは宇宙が火の玉で始まったというビッグバン理論の提唱者である。火の玉の証拠を見つけた観測者はノーベル賞をもらったが、彼も長生きしていればノーベル賞をもらったであろう。愉快でジョークも好きな科学者であり、一般向けの分かりやすい科学の解説書をたくさん書いている。この本にはアインシュタインの相対性理論の解説もある。相対性理論などと聞くと難しそうに聞こえてしまうが、第一段階の特殊相対性理論は、ピタゴラスの定理さえ知っていれば中学生にも理解できるものである。この本の優れている点は、トムキンスというしがないサラリーマンが主人公で物語をつうじて相対性理論の世界の面白さを伝えていることだろう。相対性理論は、運動の速さが光の速さに近いとき、驚くようなことが起こると予言するが、日常生活では中学、高校で学ぶ物理学で困ることはまずない。彼は、仮に光の速さが列車の速さ程度だという世界に人々が住んでいたらどんなことが起こるのか、物語として話を展開するのである。中学生の私が驚きたまげたのは、トムキンスが鉄道の駅で見かけたという一シーンである。年老いたおばあさんが列車からおりてきた40歳くらいと見受けられる紳士に向かって「お帰りなさい、お爺《じい》さん」と言うのである。驚いてトムキンスは紳士にたずねると「私は四六時中列車で移動していますので、町で生活している家族より時間がゆっくりと進むのです。」と答えるのである。これは、速いスピードで運動しているものの時間はゆっくり進むという相対性理論の効果、浦島効果として知られているものである。この計算は平方根を求めることさえできれば簡単に計算できる。

しかし、この本も英語の初版が1940年、日本語訳が出たのも1943年というとても古い本である。科学の進歩はすさまじい。また人間社会のあり方も劇的に変化している。今紹介した相対性理論は物理学の神髄であり、何等変わることのない真理であるが、宇宙、素粒子など科学全般の話はとても古く、歴史書としての意味しかない。

しかし、おもしろいことにガモフが亡くなって30年もたった1999年に改訂版が出版された（2001年日本語翻訳『不思議宇宙のトムキンス』）。スタナードという方が、ガモフの親族の賛同を得て連名の本として改訂版がでたのである。宇宙については、私も提唱者の一人であるインフレーション理論も盛り込まれている。インフレーション理論は、ビッグバン理論を否定するものではなく、ガモフのビッグバンモデルを補強する理論で、ガモフの理論では宇宙が高温の火の玉で始まったというのは後の説明に都合が良い仮定であったが、インフレーション理論は火の玉として始まることを説明する。

もう一冊**バロー**の**『宇宙のたくらみ』**（**みすず書房**）を紹介したい。アインシュタインの相対性理論を初めて学んだとき、なんと美しい法則なのだろう、このような法則で描かれる自然世界はなんと美しいのだろうと感激した。美の探究は芸術、真理の探究は科学となっているが、両者にはいったいどのような関係があるのだろうか？　バローは科学者の立場から芸術とは何なのかを答えようとしているのである。宇宙論、生命の進化、人類の起源から芸術を説く明快な論理には感動する。

宇宙から観る熱帯の雨
——衛星観測のひもとくもの

高薮縁

たかやぶ・ゆかり
１９５９年、山梨県生まれ。東京大学理学部卒業後、東京大学大学院理学系研究科博士取得。国立環境研究所主任研究員、ＮＡＳＡ／ＧＳＦＣ滞在研究員などを経て東京大学大気海洋研究所教授。専攻は気象学。２００７年、「熱帯における雲分布の力学に関する観測的研究」により、第27回猿橋賞（自然科学分野で顕著な研究業績を収めた女性科学者に贈られる賞）を受賞。

エルニーニョを終わらせた赤道域の雲のシステム

私は、熱帯の気候が地球全体の気候にどのような影響を及ぼすかという研究をしています。これは、長期的な気象観測の結果に基づいて気候の仕組みを理解し、よりよい「気候モデル」をつくっていくための研究です。気候モデルには未確定の部分が多いのですが、地球温暖化の気候的な要因を調べるときに使われたり、気候予測の際の重要な資料として使われています。それをより確かなものにするために、観測から証拠を積み上げるという役割を担った分野です。

熱帯の雲や雨についてお話しする前に、写真1を見てください。遠くのほうに積乱雲が見えます。このように暖かい海の上には雷雲のようなもくもくとした激しい対流が頻繁に見られます。一方で、もう1枚の写真に写っているのは、積乱雲ではありません（写真2）。これは観測地としていたモルディブの飛行場で撮った写真ですが、このようにさほど背が高くない雲から雨がじゃぶじゃぶと降るのも、熱帯の海の上では特徴的なことです。けれども、一口に熱帯の雲や雨といっても、一つひとつの写真を見ているだけで特徴を捉えるのは難しいですね。

写真１　遠くに見える熱帯の積乱雲

写真２　熱帯の雄大積雲《ゆうだいせきうん》

ですから、雲を研究するには人工衛星のデータが欠かせません。写真3は気象衛星ひまわりが捉えた雲の画像です。赤道付近は、もくもくとお鍋の底から沸き立つように積乱雲が立っていますね。このとき日本にかかっている低気圧の雲とは様子が違うことが一目でわかると思います。

衛星データを使うと、これまで見えてこなかった事実も明らかになります。例えば、1998年の5月1日から31日、およそ1カ月をかけて数千kmに広がった広大な雨のシステム（雲降水システム）が東向きに地球を一周したことがわかりました。それを表したのが、赤道域の雨と風の「経度・時間断面図」（図1）です。衛星から捉えた赤道域の雨の時間変化を表しています。縦軸は98年5月の1カ月間を表す時間軸、横軸は経度で、図の両端がグリニッジ天文台のある0度を指しています。この図を見ると、1日から31日にかけて大きく連なった雨の分布が見てとれます。この間、赤道付近に降った雨のほとんどが大きな雲降水システムに伴うものだっ

写真3　熱帯の雲分布
気象庁提供（高知大学より）

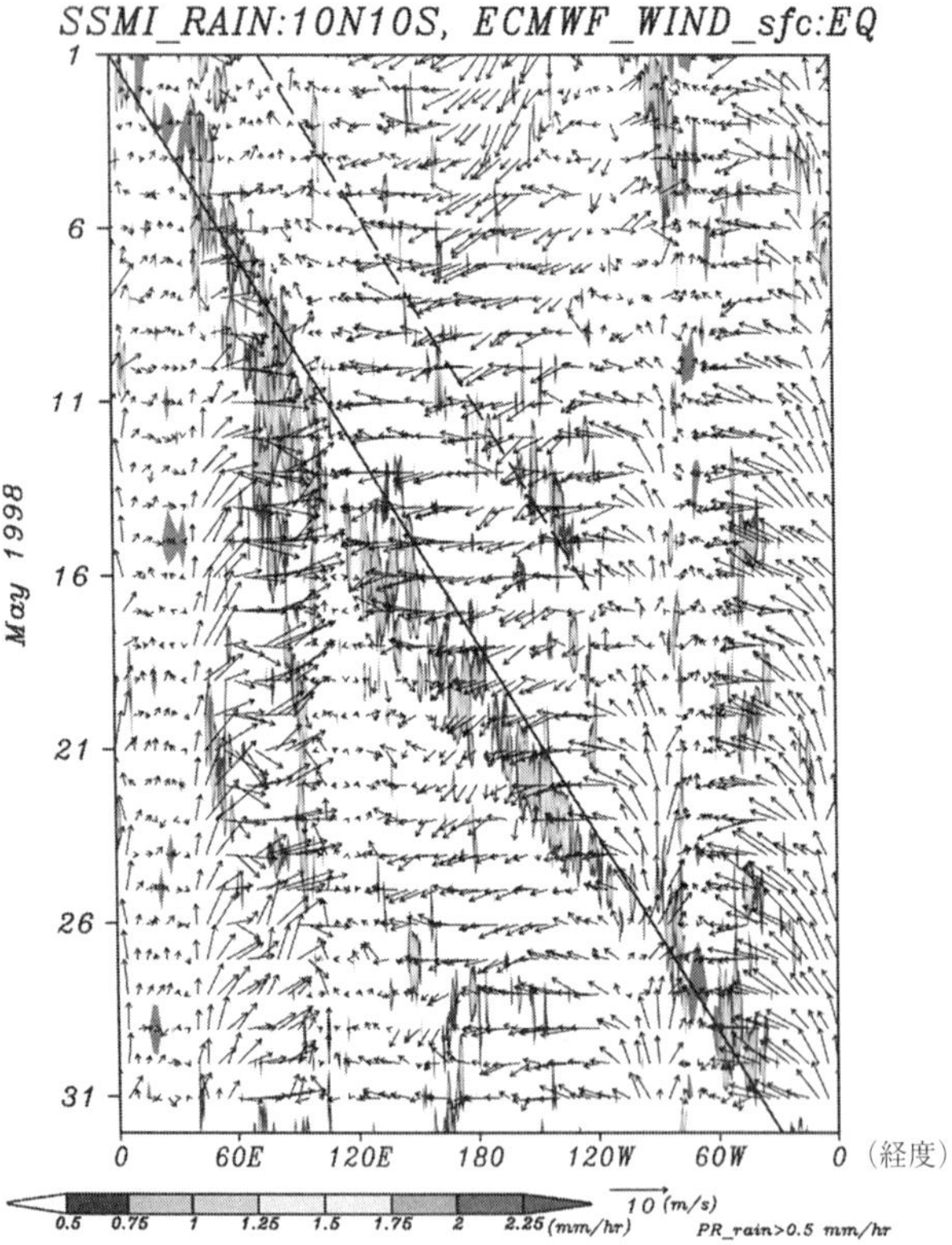

図１　赤道域の雨と風の経度・時間断面図。縦軸は98年５月の１カ月を表す時間軸、横軸は経度。図の両端がグリニッジ天文台の経度の０度。図中の陰影は、北緯10度から南緯10度平均の衛星から観測された雨量、矢印は赤道上の風の方向（上向きが南風、右向きが西風）を示す。時間は下向きに進むので、（補助線の直線に沿って）雨域が左上から右下に続いているのは、雨域が西から東に動いていることを示している。

たと裏付けるものです。

こうした大きな雲の群れは、海面水温の高いインド洋のあたりで発生し、だんだんと発達しながら東に動き、太平洋へ出て行きます。このように群れを成した雲の塊は赤道域全体を循環する風を伴って移動します。この現象自体は「マッデン・ジュリアン振動」と呼ばれ、以前から知られていました。しかし、そもそも地球を一周する現象とは考えられていませんでした。なぜなら、日付変更線を越えたあたりの海面水温は通常低く、すると対流活動が収まって雲ができなくなるのです。では、なぜこのとき雲降水システムは地球を一周できたのでしょうか。この謎を解くのがエルニーニョでした。

エルニーニョとは、太平洋赤道域の中央部からペルー沖にかけて、海水面の温度が通常よりも高くなる現象です。これによって対流活動が維持され、雲降水システムの地球一周が可能になりました。また、逆に、このとき、雲降水システムがエルニーニョの終焉《しゅうえん》に一役買っていたこともわかりました。図1には風向を示す小さな矢印がたくさん描かれていますが、よく見ると、連なった雨の分布に伴って東風が強まっていることがわかります。この東風が太平洋の東側にたまっていた暖かい海水を太平洋の西へと押し戻してエルニーニョを終わらせたのです。エルニーニョは数年の周期で起こる大きな時間スケールを持った現象ですが、

98年5月は、過去50年間で最も大規模なエルニーニョが終わった月です。

このように衛星データを使うと、法則性がないように見える赤道上の雲や雨も、地球規模の循環を伴う秩序立った動きを持つことがわかります。

雨の量は大気中の潜熱の量と同じ

このように赤道域の雲や雨は、地球規模の循環をもたらします。ですから、気候の仕組みを理解するためには、どこでどのように雲や雨ができるかという仕組みを正しく知らなければなりません。

ここでは、皆さんが理科で習ってきた雲の生成に関連する言葉を思い出してみましょう。「断熱冷却」や「断熱膨張」、「凝結」などは雲の生成に非常に重要な言葉ですし、凝結に伴う「凝結加熱」や「潜熱《せんねつ》解放」という言葉も習っているのではないかと思います。

雲は、実験でも簡単につくることができます。どなたか協力してくれる生徒さんはいますか（ここで3人の生徒が壇上に上がり、実験が始まる）。これは雲をペットボトルの中でつくるという実験です。2ℓのペットボトルに線香の煙を入れて、その中に100ccほどのお湯を注いでふたをします。次にペットボトルを握って、握力に強弱をつける。すると、握力を弱めたときに気圧の変化が生じて、ペットボトルの中に雲粒ができます。ほら、濁ったような白い雲がはっきりと見えますね。線香の煙は、水蒸気を凝結させるための、つまり雲粒をつくるための核になるわけです。協力してくれた皆さん、ありがとうございました（生徒、席に戻る）。

熱帯では、暖かい海の水が蒸発することによって大気中にたっぷりと水蒸気をもたらします。その水蒸気を含んだ空気が上昇気流によって持ち上げられると、上空では気圧が下がるため断熱冷却して雲粒ができます。すると水蒸気が持っていた潜熱が解放されて、大気が暖められます。そして、雲粒が集まって大きな雨粒になると、地上へ落ちていく。地上に降った雨の量からは地表面から持ち上げられて解放された潜熱の量が計算できます。つまり、雨の量から大気中に残された熱の量と読み替えることができるのです。

では、なぜ雲が空中に漂っていられるのに、雨は地上に落ちてきてしまうのか。それは雲粒と雨粒の大きさの違いに理由があります。標準的な雲粒のサイズは直径10ミクロンほどですが、雨粒のサイズは直径１㎜ほど。これは、直径５㎜のＢＢ弾と直径50㎝ほどのビーチボールの大きさの違いに比例します。直径にして１００倍、体積にして１００万倍。雲粒が１００万個集まって、ようやく一つの雨粒になるのです。

気候モデルの基本は高校で習う物理の法則

気候モデルは一見難しそうに思えますが、基本的には皆さんが習っている物理の法則に基づいて求めることができます。

高校生の皆さんは、すでに大気の運動に関する物理法則を習っています。その一つが「ニュートンの第二法則」。質量（m）×加速度（a）＝物質にかかる力（F）、という式で「ma＝F」と表されます。微分で表した場合は、加速度（a）を速度の変化分に置き換えて求めます。大気の運動の場合、例えば気圧の高低があると、気圧の高い空気が気圧の低い空気に向けて力をかけます。そのとき、力（F）としては気圧勾配が重要となるわけです。

また、「内部エネルギー」はわかりますか。簡単にいえば、気体の分子の元気さを表すものです。温度が高い空気は分子がとても速いスピードで飛び回っていますが、温度の低い空気は分子のスピードが遅い。この内部エネルギーの変化（dU）を表すのが「熱力学第一法則」。外から受け取った熱（Q）−外にした仕事（W）で求められ、「dU＝Q−W」と表されます。温度が変化する場合は、内部エネルギーは定積比熱（Cv）×温度の変化分（dT）、外にした仕事は気圧（p）×体積の変化（dV）として示されるため、「CvdT＝Q−pdV」と表されます。気圧は気体が側面からある一定の面積で受けている力なので、その力に逆らって気体の体積を広げれば外に仕事をする。「力×動かした距離＝仕事」というのを覚えていますよね。これを外にした仕事の分として引くと、内部エネルギーの変化として示すことができます。

先ほどお話ししたとおり、潜熱の解放によって大気が暖められると、内部エネルギーの変化によって気温も変化します。すると気圧の差が生まれ、速度の変化が生じる。気体の速度の変化により風が吹くというわけです。雨が降ると大気が加熱され、これが大気を動かす力になります。これは、次のような簡単な実験で示すことができます。

ある閉じた空間を仕切りで二分し、低温と高温の空気に分けます。そして、その仕切りを外すと、暖かい空気は上へ向かい、冷たい空気は下へ向かうような運動が起こります。このように、気温差によって気圧の差がつくられると運動が起こるのです。

したがって、たくさん雨が降る場所の上空は暖められた空気があると考えられますが、一方で雨が降っていない場所では、宇宙への熱放射で空気はむしろゆっくり冷やされています。このような雨分布の違いは、加熱された空気とそうでない空気のコントラストをつくり出します。雨がもたらす潜熱加熱量は、１㎡当たり1時間に１㎜の雨で６９４ワット。熱帯域の年間降水量はおよそ２０００㎜ですが、これをワット（ワットは1秒あたり1ジュールの加熱量）換算すると１㎡当たり１５８ワットの加熱量があると推定されます。これが、大気の大循環を駆動するエネルギーとなるわけです。

気候モデルは、ニュートンの第二法則や熱力学第一法則などの数式をもとに、大気の動きを当てはめて次のステップの大気の状態を予測しています。それは天気予報に使われる数値予報モデルなども同じで、地球の大気や海洋を三次元の格子に分割して、それぞれの格子の風や温度の物理量を定義する。その繰り返しによって未来の風や温度などを予測しているわけです。

ところが、難しい問題もあります。気候モデルにおいて、一つの格子は１００㎞というサイズで表されています。しかし、雲粒は10ミクロンというサイズ。気候モデルのスケールでミクロの雲や雨の効果を表現するのは不可能に近いのです。だからこそ、さまざまな仮定をせざるを得ません。そのために観測による確かめが非常に大切になってきます。ですから、私たちは気候モデルに加えて、衛星観測によって研究を行っているのです。

ＴＲＭＭは唯一無二の衛星搭載降雨レーダー

衛星観測でしかわからないことは数多くあります。図2は２０１４年台風8号を観測したデータですが、このように雨の上から立体的な構造を示すことができます。

このシステムを搭載したのが、１９９７年に打ち上げられた熱帯降雨観測計画「ＴＲＭＭ（Tropical Rainfall Measuring Mission＝トリム）」の衛星です。ＴＲＭＭは、赤道を中心に熱帯と亜熱帯をカバーする北緯36度～南緯36度の範囲を軌道として、５つの測器を積んで観測を行っています。

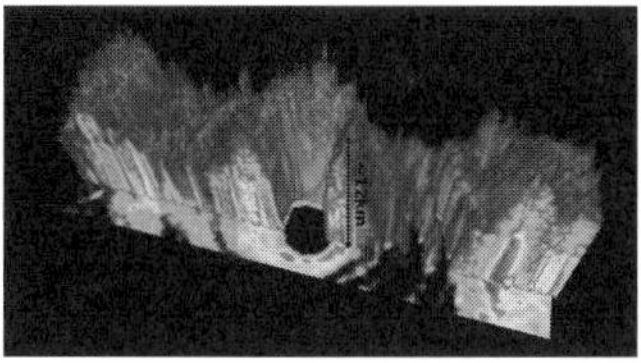

図２ TRMM 降雨レーダによる立体降雨観測例。2014 年台風８号の眼の壁雲周辺の雨（濱田篤氏作図）。

中でも「降雨レーダ」は、２０１４年2月末に後継ミッションの全球降雨観測計画（ＧＰＭ）主衛星が上がるまでの16年余の間、世界初、唯一の宇宙からの降雨レーダ観測を行ってきました。降雨レーダは、雨粒に電磁波を当てて、雨粒から反射されて戻ってくるシグナルをキャッチすることで、雨の三次元分布を捉えることができます。これによって、雨の強弱や高さのように、どのような降り方をしているのかを正確に把握することができるようになりました。

そのほかにもＴＲＭＭには、可視域と赤外域の地球からの放射を測り、雲や上層の水蒸気量を測定することができる「可視赤外放射計」や、海面風速や水温、大気の水蒸気量を計測することができる「TRMMマイクロ波観測装置」、雷の数を数える「雷センサー」、地球が宇宙に向かって放射するエネルギーを観測する装置（「雲地球放射エネルギー観測装置」）が搭載されています。地球からの放射は海と陸では種類が異なるため、従来のセンサーでは雨に対する均質な測定ができませんでしたが、衛星からの電磁波による反射波を用いるTRMM降雨レーダでは、どのような地表面であろうと均質な測定ができるようになりました。

以上のような5つの測器により、私たちはさまざまな雨の特性や周りの環境をより正確に捉えることができるようになりました。TRMMは1日に地球を16周するので、雨の日変化《にちへんか》（1日の変化）の観測もできます。これまでに蓄積された17年間のデータによって、統計的にも非常に新しい知識が得られるようになりました。

図3は、これまでのTRMMの観測結果から、雨に伴う潜熱加熱の量を高度7・5kmでまとめたものです。このように立体的に潜熱加熱を表すことができるようになると、加熱がいかに大気の循環をもたらすのかを計算できるようになります。例えば南緯10度を切りとると、大気の加熱の分布を表す次のような図を表すことができます（図4）。このように、背の高

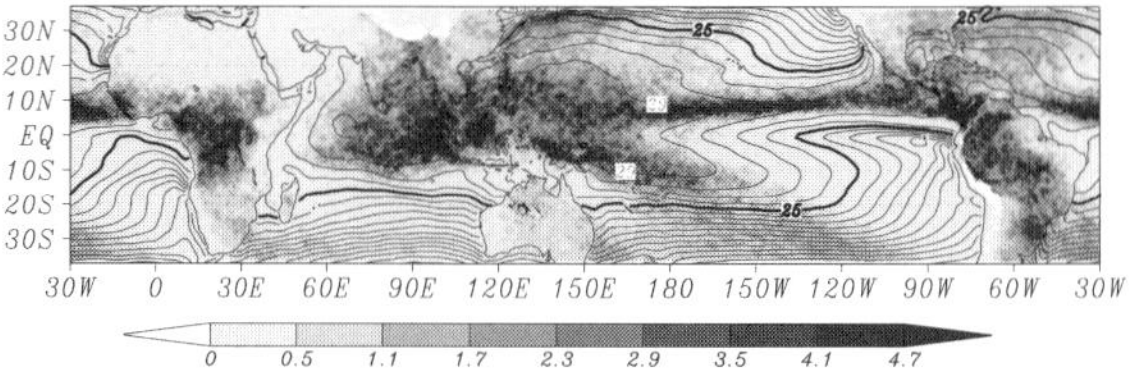

図３　高度7.5 kmでの雨に伴う潜熱加熱（陰影）と海水温（等値線）。1998〜2005年の９月〜11月の見積もり。

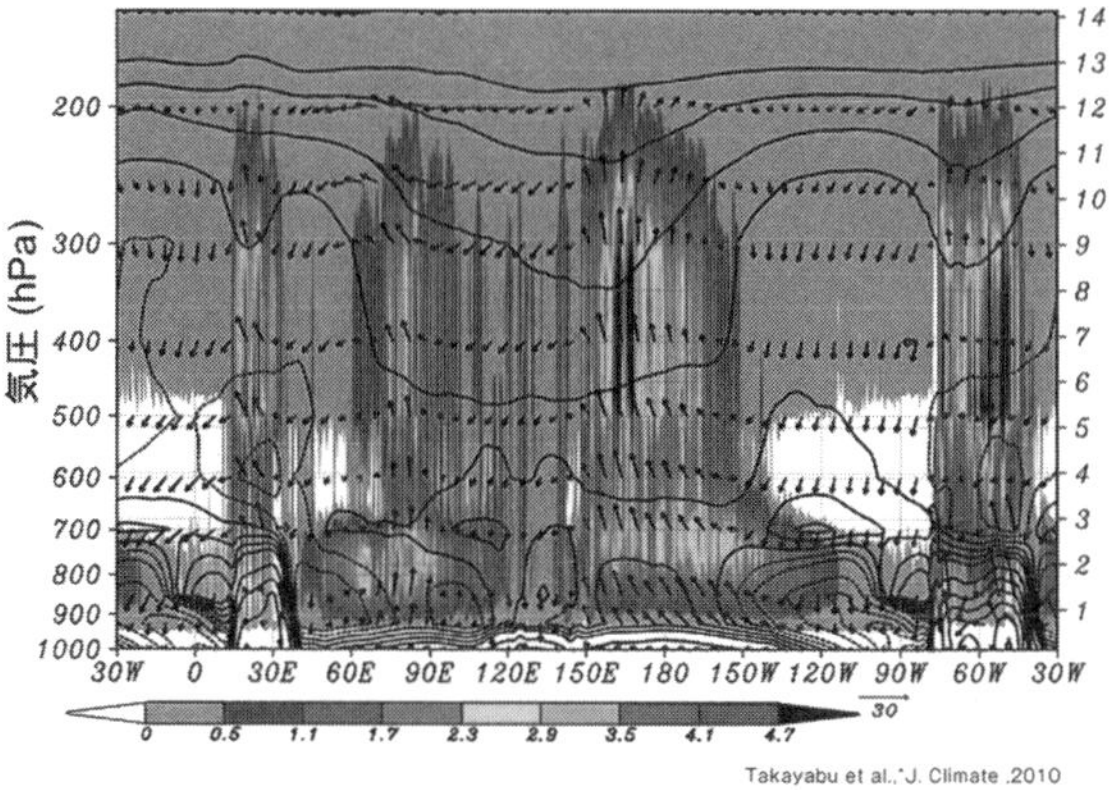

図４　TRMM衛星観測を利用した大気の加熱分布（陰影）と東西鉛直の風向風速（矢印：鉛直風速は拡大されている）。衛星観測によって雨の降るときに大気が加熱される様子が立体的に把握できるようになった。

い積乱雲がどこにできやすいのかといった特徴的な加熱構造が、地球上の場所によってある程度定まっていることがわかります。また、風の吹き方に注目すると、大気の加熱と大気の流れが密接に関連していることも明らかになります。気候の仕組みを理解するには、どのような雨が降り、それがどのような大気の流れをもたらすのかがとても重要なのです。

衛星観測でも確認できる雨の特徴

日本には多くの種類の雨があります。春雨、菜種梅雨、梅雨、夕立、台風、秋雨、時雨、雪……。これらの言葉を聞くと、それぞれ違う雨の雰囲気を思い出します。台風では、非常に激しい雨や風。意外に思われるかもしれませんが、雷が少ないことも台風の特徴です。また、梅雨と聞けばしとしとと長続きする雨を思い出しますし、夕立は雷を伴う非常に激しい雨が降りますが、短時間で過ぎ去ってしまう。一口に雨と言っても、さまざまな顔を持っています。

このような雨の特徴は、衛星からも確認できます。TRMMには雨量と雷の数を測るセンサーが両方ついているので、発雷ひとつ当たりの雨量を求められます。1998年から2005年までの記録をまとめたのが次の図で（図5）、白っぽくなればなるほど雷が少ない

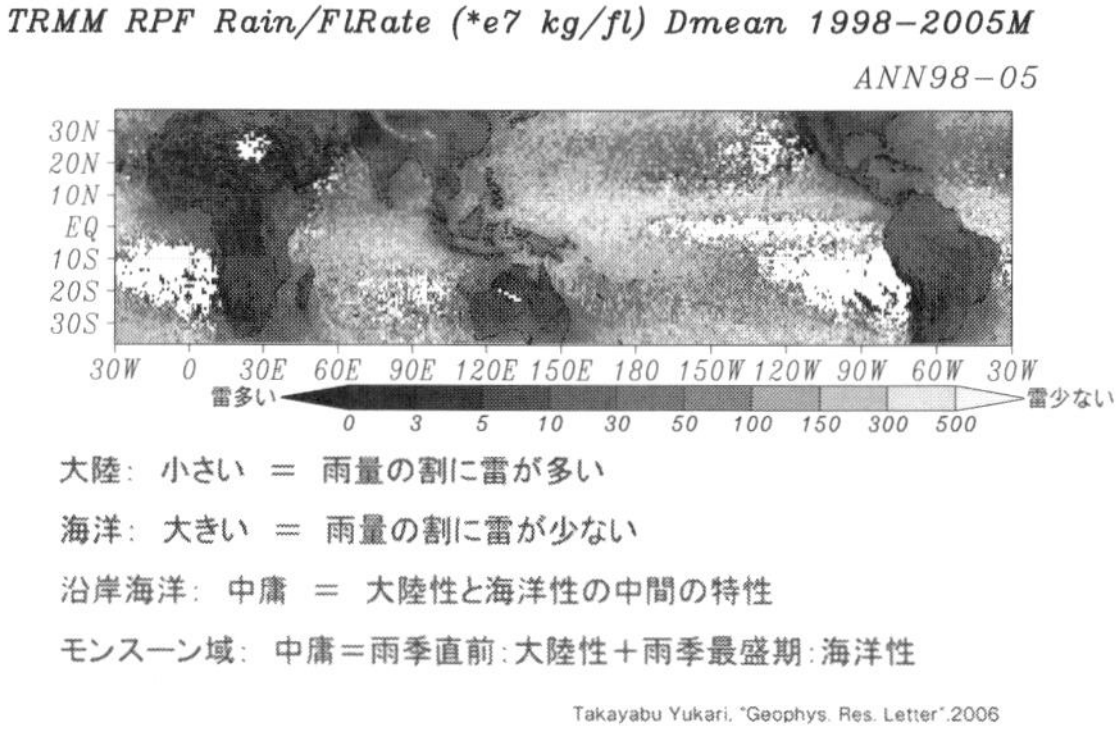

図５　TRMMによる発雷１つ当たりの降雨量。影が濃いほど雷が多い雨を示している。1998年から2005年の8年平均の値。

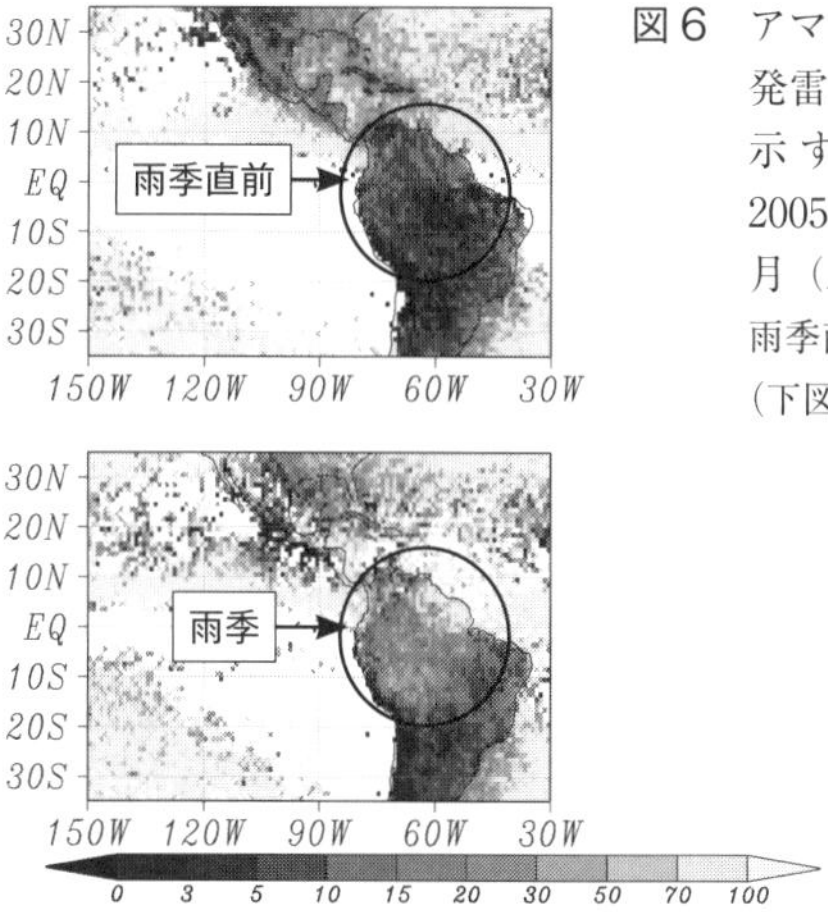

図６　アマゾンの降雨量／発雷比の季節変化を示す。1998年から2005年平均の9-11月（上図：アマゾン雨季直前）と12-2月（下図：アマゾン雨季）。

雨、黒くなればなるほど雷が多い雨であることを示しています。陸地はほぼ黒っぽく見えますね。海と陸地の違いは一目瞭然です。また、大陸の周囲１０００㎞くらいにわたる沿岸部の海上は、濃い目の灰色にふち取られています。海と陸の中間ほどの特性を持つことを示しているわけですが、その理屈はまだよく理解されてはいません。ただ、これまでに陸の特性を持ったスコールのような降水システムが海上へ１０００㎞ほど移動することがいくつかの場所で観測されているので、これが中間的な雨を降らせる原因だと考えられています。

さらによく見ると、東南アジアや南米が陸上の他の場所よりやや薄い色になっています。この両地域に共通しているのは、季節的に風向きが変わるモンスーンによって雨季と乾季がみられること。実際にアマゾン域を見比べてみましょう（図6）。雨季直前の9～11月では雷を多く含んだ雨が多く降っています。一方、雨季にあたる12～2月では、雷と降雨量の比が灰色で海に近い特性を持っています。つまり、乾季では夕立のような雨が多いのに対して、雨季には雷の少ない雨がたくさん降り続くのです。このように、ＴＲＭＭ衛星観測では降水量だけでなく雨の特徴も理解できます。気候を理解するには、こうした個別の特徴を理解することもとても重要です。

進化し続ける衛星観測のゆくえ

衛星によって、私たちは雨の立体構造を観測できるようになりました。また、立体的な潜熱加熱や大気の循環の見積もり、雨の特性も示すことができます。同じ100㎜の雨でも、一度にザーッと降ってしまう雨と、しとしとと降り続く雨とでは災害対策も異なります。どのような種類の雨が降るかが解明されれば気候モデルの検証にもなりますし、気候変化予測の精度も向上します。

TRMM以降も、世界中で新しい衛星観測の計画が立ち上がっています。アメリカが2006年に完成させた「A-Train」は、さまざまなセンサーを積んだ7つの衛星を同じ軌道上に打ち上げました（写真4）。A-Train の特徴は、雨だけでなく雲の立体構造を解明できる装置を積んでいるので、両方の側面から観測ができること。これらの衛星が、雲や雨をさまざまな角度から数十秒から十数分の短い間隔で次々に計測しています。

TRMM衛星は、17年を超える長期観測を達成後ついに燃料を使い切って高度を下げ始め、2015年3月には観測を終了することになっています。TRMM衛星の成功を受けて、全球の雨を立体観測するGPM計画（Global Precipitation Measurement）の主衛星が2014年2月28日に種子島から打ち上げられました。GPM主衛星は南北緯度65度間の地球の91％の

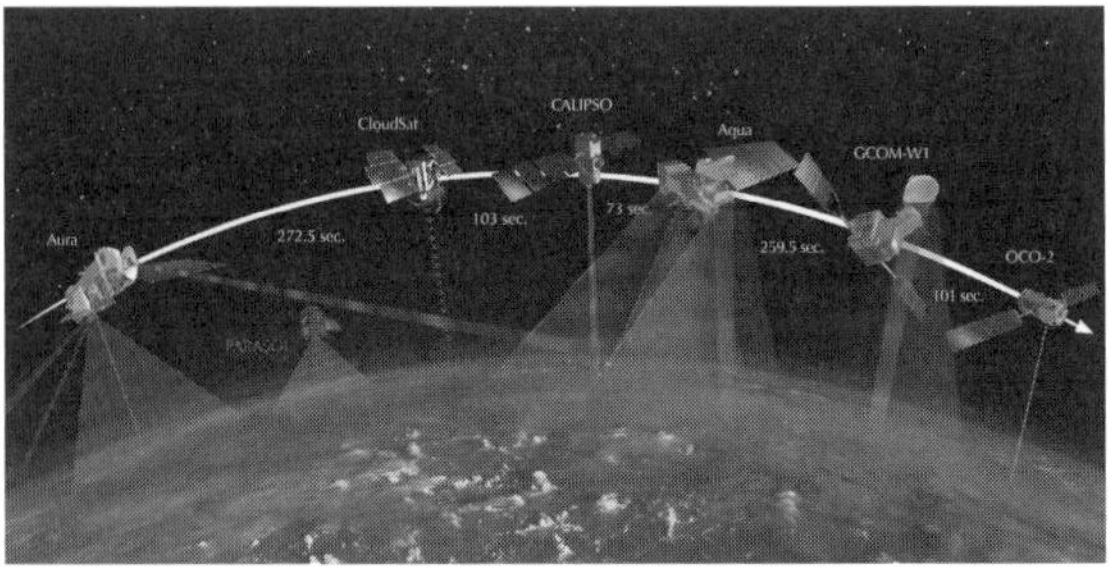

写真４　A-Train（提供：NASA Jet Propulsion Laboratory）

面積を観測します。主衛星に搭載された降水レーダは、高緯度の雪まで観測するために、ＴＲＭＭと同じ波長に加え、雪に対しより感度のある短波長をもった二周波レーダとなっています。また、主衛星と共に８つ以上のマイクロ波放射計搭載衛星がチーム（コンステレーション）を組んで地球全域の雨を３時間毎に観測した高精度な降水データを提供しています。この中には、フランスとインドが共同で打ち上げた熱帯域での水蒸気の立体分布を計測する測器を積んだ衛星（Megha Tropiques）も含まれています。

また現在、日本とヨーロッパは、「EarthCARE」という雲・エアロゾル衛星の打ち上げを２０１６年に予定しています。

皆さんが大学に通うようになる頃には、このようなさまざまな衛星によって、よりたくさんのデータを使うことができるようになります。すると、今よりもより現実的に、雲の立ち方や雨の降り方を気候モデルとして表現できるようになる。まだまだわからないことは多いので、衛星観測のデータが蓄積するとさらに次の課題も浮かび上がってきます。もしかすると、皆さんが次の衛星観測の設計に携わることもあるかもしれません。

そのように、可能性と広がりを秘めているのがこの学問のおもしろい点だと思います。

◎若い人たちへの読書案内

『ソロモンの指環』コンラート・ローレンツ

動物生態学者によるユーモアあふれる一冊。著者の動物や自然への愛情が感じられ、こんな学問がしてみたいと思わせる。

『怒りの葡萄』スタインベック

高校生でアメリカ留学した際に英語で読んだ初めての本格小説だったので、十分に読めているかわからないですが、過酷な運命の中での人間のたくましさを強く感じたのを覚えています。

『イワンデニーソビッチの一日』ソルジェーニツィン

やはり高校生の時に読んで、塀の中での厳しい環境でも、したたかなユーモア（人間性）をもつことのできる人間のあり様に感動した記憶があります。また読み返してみたい一冊です。

社会の役に立つ数理科学

西成活裕

にしなり・かつひろ

一九六七年東京都生まれ。東京大学大学院工学系研究科航空宇宙工学専攻准教授、同教授を経て、二〇〇九年より東京大学先端科学技術研究センター教授。専門は数理物理学、渋滞学。渋滞学や無駄学の研究で知られる。著書の『渋滞学』（新潮選書）は、講談社科学出版賞と日経ＢＰビズテック図書賞を受賞。

社会問題×数学＝渋滞の解消？

「数学なんか社会の役に立たないんじゃないか？」

君たちの多くはこんなふうに思っているかもしれない。実際、僕も自分の親に「大学では数学をやる」と言ったら、「せっかく東大まで行ったのにそんなもの勉強して何の役に立つの？」と言われてしまったことがある。でも僕はそこで、なにくそ、と思った。「だったら数学を使って、いろいろな社会の問題を解いてやろう」と。

そんな僕が目をつけたのは「渋滞」。Uターンラッシュなんかでおなじみの、道路の渋滞の問題だ。

今、自動車の渋滞でどれだけ日本社会が損をしているかというと、なんと年間14兆円。これは実に国家予算の7分の1を占める数字だ。毎年それだけの金額が渋滞・混雑で失われている。すごくもったいない話だよね。僕はこの問題を、数学を使ってなんとか解消してみようと閃《ひらめ》いた。

「えー、そんなのできっこない」と思われるのも無理はない。たぶん、君たちの想像している数学と、僕が知っている数学は、ほとんど別物といってもいいくらい異なった姿をしているはずだから。

今、君たちが勉強している数学は、ちょっとかっちりしすぎている。何事もほどよく崩していかないと、人間の問題には使えない。

僕が今日、君たちに紹介したいのは、フラクタルとセルオートマトンという数学について。これは、ちょうど僕が大学院の頃に新しく出てきた数学の分野だった。この面白くて摩訶不《まかふ》思議《しぎ》な数学の世界をとっかかりに、数学の持つ意外な可能性と、社会の問題を解決していくヒントについて話ができたらいいなと思っている。

図形の概念を覆す、不思議なフラクタルの世界

まず、フラクタルとは何か。

ひと言でいうと「図形」のことだ。図形というと、君たちは三角形や四角形のように、明確な形あるものを想像すると思うのだけれど、フラクタルは形ではなくむしろ「性質」で定義される。簡単にいえば、「自分自身の中に、自分が入っているような図形」を指す。いわゆる入れ子構造になっていて、図形の一部を拡大するとまたその中に同じものが現れる。

例えば、次のようなものがフラクタルと言われている。木や雲、海岸線、身体の血管に共

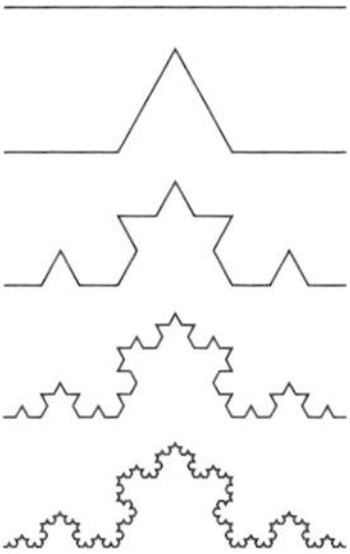

コッホ曲線

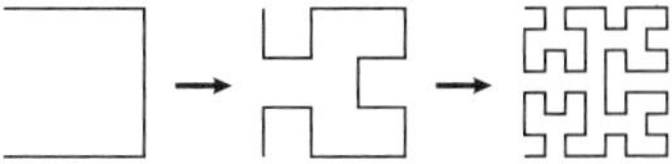

ヒルベルト曲線

通する形って何だろうか。これらを図形として眺めると非常に面白いことがわかってくる。例えば、血管の形。その一部を切り取って、また同じ大きさに拡大すると、だいたい最初のものと同じ形になることがわかる。木も同じ。切り取って拡大コピーをするとまた、同じような木の形が現れる。雲もそう。こんなふうに、いわば自分の中に自分の縮小コピーが入っているような図形がフラクタルなんだ。ちょっと難しい言葉だけど「自己相似性」とも呼ばれる。

次にコッホ曲線という有名なフラクタルを考えよう。ここに線分がある。この真ん中3分の1を切り取って正三角形に盛り上げる。また同じようにして、小さい三角形を切り取ってちょっと盛り上げる。この操作をずっと繰り返していく。無限に繰り返していく。すると、海岸線のような模様ができる。これは君たちもわかると思うのだけど、ここを切り取って3倍に拡大すると元と同じ図形になる。こういう図形のことをフラクタルと呼ぶ。実は、世の中にはこういう奇妙な図形が満ち溢れている。

なかでも非常に不思議な図形の一つが、ヒルベルト曲線と呼ばれるこのフラクタル。ある規則性に基づき、正方形の中で折れ線を形成していく図形なんだけど、なんと、この折れ線は永遠に自分自身と交差せずに進み続けていくことができるんだ。すると、最終的に「線が平面を埋め尽くす」。線というのは一次元に属するものだということは知っているよね？これに対し、平面は当然二次元に属する。ところがヒルベルト曲線においては、繰り返していくと一次元と二次元が一緒になるという、摩訶不思議な現象が起きてしまうわけだ。

線で平面を埋める。もうなにがなんだかよくわからないかもしれないけど、それぐらい摩訶不思議と思ってくれればいい（笑）。このヒルベルト曲線は、一部分を拡大するとまた元の図形に戻る。つまりこれもフラクタル。こんなふうにフラクタル図形というのは、数学者も含め、それまで誰も考えもよらなかったような性質を秘めている。

図形の力で光を「閉じ込める」――フラクタルの可能性

三角形の入れ子構図を使った最新のフラクタルで、アフィンフラクタルと呼ばれるものがあるんだ。数学者にもあまり知られていない図形で、縮小しながらずらしていくという変わったフラクタル。ちょっと見づらいかもしれないけど、よく見ててね。まず四角形が2つあって、大きな四角形が1つある。合計で3つの四角形があるよね。それを縮小しながらずらしていくと何ができるか。この操作をくり返していくと……さあ、これは何だと思う？　葉っぱだよね。葉っぱの形が、実は「縮小」と「ずらし」という数学操作でつくれてしまう。これがフラクタル図形の面白さ。図形の概念が今までと変わるでしょ？　何かの形を、縮小してずらしたり、縮小して入れ子にしていくことで表現していく。そうすることで自然界のいろいろなしくみが研究できていくわけ。こういう図形が今、活発に研究されている。

　フラクタルが用いられているのは研究だけじゃない。フラクタルを使ってコンピュータで絵を描く美術家なんてのも多い。例えば次頁の絵はマンデルブロ集合といわれていて、一生懸命人間が描いているわけではなく、実は君たちもよく知っている二次関数が描いたもの。数学の力でこんなきれいな絵がたくさん描けちゃう。$y=x^2+c$という二次関数を使うと誰でも簡単に描ける。これもフラクタルの応用。ある部分の縮小が別のところにあって、拡大するとまた同じのがいる。つまり、図形の境界部分に自分の縮小コピーがたくさんいるわけ。ほかにもこういう面白い絵がたくさんある。その全部が数学の関数を使って描かれている。

マンデルブロ集合

芸術にも活かされて使われているのがフラクタルなんだ。

ほかにもフラクタルにはいろいろな用途がある。何年か前に『ネイチャー』という有名な科学雑誌に掲載された研究で、電池ならぬ「光池」と名付けられたもの。日本人が開発した非常に画期的なフラクタル技術だといえる。これは簡単にいえば、三次元のフラクタルでスポンジに穴をあけたものだ。いったい何が起こるのか？　それに光を当てる。光はスポンジの中に入ると反射する。ところが、内部がフラクタルだと光が「迷っちゃう」。通り道がものすごく複雑なギザギザ構造になっているため、光が迷って出てこられなくなっちゃう。ここでなんと「光を閉じ込める」ことができるのだ。

光を閉じ込める――当然ながら、今まで誰もやったことのないものすごい技術だ。光を閉じ込めると何ができると思う？　光というのは電磁波だよね。つまり、空間に漂っている電磁波を閉じ込めることで、そこから充電ができるようになる。要するに、空気から充電ができるわけだ。これが「光池」のすごさ。

これがもし実用化したら世界が変わる。しかもそれが、数学の力でできるようになるんだ。空気を飛び交っている電波から充電するとなると、携帯の充電もいらない。そういう夢みたいな時代がもしかしたら、ほんの10年ぐらい先の未来にやって来るかもしれない。

もうすこし身近な例も挙げておこう。普段、君たちが見ている映像や画像だって、フラクタル技術を使って届けられている部分もある。例えば、これまで紹介したような画像をインターネットで届けようとすると、データ容量が非常に大きいため、すごく時間がかかって大変だったりする。実際にパソコン上でファイルの重さを確かめてみれば一目瞭然。文書と画像じゃぜんぜんデータ量が違う。そこで、画像の中から似たような部分を探す。例えば、ある部分を切り出してみると、図形上似ている他の部分があることがわかる。ということは、その部分はわざわざ送らなくてもいいわけだ。似ている部分で代用できちゃうんだから。こんなふうに、画像全体をそっくりそのまんま送る代わりに、「この部分を1.2倍拡大しなさい」「この部分を90度回転させなさい」といった指示を送れば、データ量は少なくなる。こういう技術をフラクタル画像圧縮と呼んでいる。これも君たちが動画を快適に楽しむのに一役買っていたり、インターネット上でいろいろなことを可能にさせたりする技術のひとつなんだ。

すべては0と1だけで表現可能——セルオートマトンの可能性

数学の面白さと有用性、なんとなくわかってもらえたかな？

じゃあ、今度はセルオートマトンの話をしよう。これは非常に新しい概念なんだけど、微分積分に取って代わるほどの力を秘めていると僕は思っている。これこそ将来、小学校あるいは中学校の教科書に載せるべきなんじゃないか。

セルオートマトンの特徴はいたってシンプル。すなわち、「すべてを0と1だけで表現する」。その0と1がどういう状況で変わるかルールを設定して、さまざまな現象をシミュレーションしていくというものだ。

これを使えば、人や車がどう動くかなんていうのもシミュレーションできる。例えば、人も車も前が空いていなければ動けないよね。この時、前に人がいる状態を1とし、いない状態を0と定義する。仮に、複数の人が右に向かって行進しているとしよう。そして、前に1があれば止まって、なければ進むというルールのもとで次の時間まで動かしてみてほしい。そうするとこんなふうに、渋滞しているところがすぐにわかるようになる。ここに並んでいる1と1の前には、人がいて動けないので次の時間もここにいることになる。つまりこうや

t=0	0	1	0	1	1	0	0	1	0	1	1	1	0	0	0
t=1	0	0	1	1	0	1	0	0	1	1	1	0	1	0	0
t=2	1	0	1	0	1	0	1	0	1	1	0	1	0	1	0
t=3	0	1	0	1	0	1	0	1	1	0	1	0	1	0	1

セルオートマトンの例

って0と1を動かしていくだけで、人や車の動きがコンピュータで予想できるようになる。

この概念は1950年くらいに考案され、当初はゲームにも使われていた。するとこれが非常に面白いということで、次第にいろいろな理論研究に活用されるようになっていった。

ちなみにそのゲーム自体は「ライフゲーム」といって、1970年に流《は》行《や》ったものだ。今でも無料でダウンロードできるので気が向いた時にでも遊んでみるといい。簡単にいうと、碁盤のような細かいマス目の中でバクテリアがどんなふうに広がっていくかを模擬するゲームで、先程のようにバクテリアがいれば1、いなければ0と考え、それぞれ別の色でマス目の中の状態を表現する。

具体的なルール設定は以下の4つ。

①1の周囲のマスに1が1つ以下ならば、その1は0になる——死（過疎）

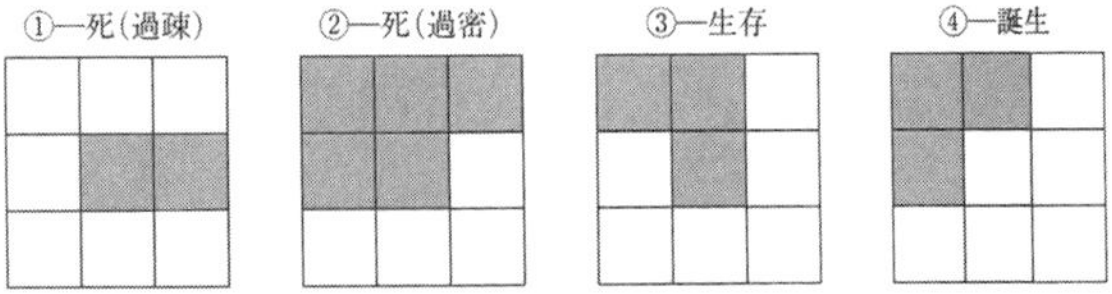

ライフゲームルール図解

②1の周囲のマスに1が4つ以上あれば、その1は0になる――死（過密）

③1の周囲のマスに1が2〜3つあれば、その1は1のまま残る――生存

④0の周囲のマスに1が3つあれば、その0は1になる――誕生

このルールは、生物集団においては過疎でも過密でも生存に適さないという特徴を当てはめたもの。実際にシミュレーションすると……バクテリアがぱっと広がっていく様子がわかるでしょ。非常に複雑にみえるけど、たった4つのルールだけでできる。こんなふうに細菌の繁殖をはじめ、非常に複雑な問題でも単純なルールを持って予測できる。これがセルオートマトンの世界。

実は、僕がやっている「渋滞」の研究というのも、このセルオートマトンを応用したもの。人の動きに上手くルールを設定して、どういうふうに人が動いているか、どこが混雑しているかを研究する。これが僕のやっている「渋滞学」の正体。

それまで人の動きのシミュレーションというのは、あまり研究されていない分野だった。研究されるべき分野ではあったんだけど、やり方が見つかってなかったともいえる。そこで10数年前、数学の応用として研究したら面白いだろうと思い、セルオートマトンを使って研究を進めてきた。

それから、君たちも見慣れている東京の地下鉄ネットワーク。これらの電車はセルオートマトンで動いていて、乗客が乗り降りするのも計算上に入れて混雑予測を行っている。そうすると、どこが混んだら、次はどこが混むのかというのは、実はシミュレーションである程度予測できる。

セルオートマトンを使って「渋滞」を解きほぐす

高速道路の渋滞はなぜ起こるのか?

その答えの1つは「上り坂」。車が上り坂にさしかかると運転速度が落ちる。すると、後ろの車にブレーキを踏ませてしまう。1つの車がブレーキを踏むと、その後ろの車も慌ててブレーキを踏むことになる。そういうブレーキの連鎖反応が起きることによって、渋滞が起きている。ところが、最初からある程度の車間距離を空けていれば、こうやって前の車がブレーキを踏んでも、いちいち次の車がブレーキを踏まなくて済む。みんなして前に詰めようとするから渋滞が起こるわけだ。

じゃあどれくらいの車間距離が最適か。ずばり40m。それ以下に詰めて走っていると、前の車よりも強くブレーキを踏むことになる。逆に40m以上空けて走っていれば、前の車がブレーキを踏んでもそれより弱く踏むだけで済む。これはセルオートマトン、すなわち数学で割り出した数字だ。

これから見せるのは実験によって渋滞が発生する瞬間の映像（この実験の様子は、JAFのホームページ http://ch.jafevent.jp/detail.php?id=182_0_43604 にて確認できる）。この映像では車間距離を7mぐらいまで詰めて走っている。今、先頭の車に「時速を5kmだけ落とす」ように指令がいったところ。その時に後ろで何が起こるか。……ほら、止まったでしょ。車がなめらかに流れていけず、前の車が少しでもブレると、そのブレが後ろの車にも伝わり、最後に車を止めてしまう。実際の高速道路の渋滞では、これと同じ連鎖反応が、5km、10kmと伸びていくわけだ。これは車間距離を詰めているせいなんだね。

車間距離を広げて走っている映像と比べると、その違いがよーくわかる。さあ、瞬きせずによく見てて。画面の下の映像は普通に車が走っている様子。一方、画面上の映像は、6台目の車が途中で車間距離を空けるところ。これは渋滞吸収車といって、渋滞発生という知らせを受けると、わざとゆっくり走って後続の車に車間距離を空けさせ、渋滞を吸収させる役目を果たす。おかげで上は車間距離が空いている。下は普通に走っているので車間が詰まっている。

この状態で、上下共に先頭の車が「5秒間止まってから動く」という実験してみたところ……これを見て。上の場合、車間距離が十分あるおかげで、後ろに続く車はうまい頃合いにスピードを落として走らせれば、全部の車が止まらずには済むわけ。でも、下は車間を詰めて走っていたものだから、全部の車がいったん止まらざるをえなくなっている。途中でゆっくり走ったにも関わらず、結局上のほうが早い。まさしく「急がば回れ」。渋滞時を考えると、ゆっくり走ったほうがトータルで早く進む。君たちが将来、免許を取って車に乗った時に渋滞を見つけたら、ちょっとゆっくり進んでみてほしい。するとこんなふうに、渋滞を早く改善することができるから。

でも普通は逆に考えるよね。渋滞を見たら「早く行かなきゃ」と詰める。頭でわかっていても、こういうことはなかなか人間にはできないもんだ。

ここでひとつ、今の実験と似たような現象を示す実験を紹介しよう。1カ所しかない出口の前に、もし障害物を置いたらどうなると思う？　当然、外に出づらくなると考えるよね。実際にその状態をセルオートマトンでシミュレーションした結果がこの映像。この黒いアイコンが一人ひとりの人間ね。当然、何もない部屋のほうが早いように見えるかもしれないけど、出口に障害物を置いた部屋のほうがシミュレーションでは早かったでしょ。不思議だよね。直観と逆になる。この結果が本当に正しいのか確かめるために、NHKの「サイエンスゼロ」という番組で実際に50人の人を動員して実証実験を行ってみた。すると6回実験をして6回とも、何もない部屋より入口付近に柱を置いた部屋のほうが退出が早かった。

柱がないとみんな入口に殺到する。そこで人と人がぶつかっちゃうため、結局は時間の無駄遣いが生じる。逆に柱があると、人の殺到を抑えられて、ぶつかる回数が減る。そのほうがトータルで考えると早くなるというしくみなんだ。事実、フランスやイタリアの鉄道では、ドアがぱっと開くと正面にポールが立っている。そのほうが人の出入りがスムーズだと知っているため、そういうつくりになっている。将来JRの車内とかにも同じようなポールが立ったら、この研究成果かもしれないね。

ちょっと話が逸れちゃったけど、もう一度、車の話に戻そう。実は、詰めずに走ると燃費も良くなる。事実、車間を空けて走ったほうが約40％も燃費がいいというデータが出た。つまり、詰めると結局は止まりながら動くから燃費が悪くなっちゃうんだね。2012年の5月に発売されたパイオニアの『カロッツェリア』というカーナビには、車間距離計なるものがついている。これは、目の前を走る車との車間距離が表示され、40m以下になると警告が出るというもの。この指示を守るだけで早く目的地に着くことができる。

こうした背景には必ず数学がある。数学できちんと計算して、どのタイミングでどうスピードを落とせばいいのかというのを計算しているからこそ、これだけうまくいく。最初に挙げた、「数学が社会で何の役に立つのか」という疑問も、だいぶほぐれてきた頃じゃないかな？

こうした数学を使った僕の試みは、他にもいろいろな場所で採用されている。例えば2010年に羽田空港が国際化した際は、国土交通省から依頼が来た。飛行機の数が増えれば、物流も盛んになる。物流が増えると、荷物を取りに来るトラックの数も増えてくる。すると、すぐ隣の環八道路が渋滞してしまう。これをなんとかしたいという依頼を受けて、道路の設計やトラックの運用の仕方を僕たちが計算した。その結果、今は渋滞が起こっていない。ここでも使ったのは本当に数学だけ。トラックの運用を、さっきみたいに0と1でシミュレーションして設計した結果だ。

パケット障害も売れ残りも「渋滞」の仲間

「渋滞」の研究を始めた当初、僕は人だけではなくて、魚や蟻《あり》や鳥の「群れ」にも興味を持っていた。だって、「群れ」があれば、そこに「渋滞」を生じる可能性がある。そこで生物学をはじめ、物理学、生物学、経済学まで勉強することにした。僕にいわせれば、これらすべての中に「渋滞」は潜んでいるんだ。

例えば、インターネットで通信するときにいろいろな遅延が起こる。なかなか通信ができない。実はこれも「パケットの渋滞」。それに、君たちの身体の中でも渋滞は起こる。病気の原因も、身体の中の渋滞、特に「神経細胞の渋滞」が大きく関わっている。例えば、大人になってくると、神経細胞の途中に違法駐車のような車がいっぱい出てきて、神経のタンパク質の動きを妨げる。そうすると伝達が悪くなり、忘れっぽくなってしまう。これがアルツハイマー病の正体なんだ。

ちなみに経済学や経営の話をするなら、ものが売れ残るというのは「在庫の渋滞」。工場生産の途中で在庫がたまってしまうから、結局売れ残るという状態に陥る。じゃあ、どうして途中で在庫がたまるのか？　例えば、ある原材料を折り曲げて加工して、塗装してから組み立てる製品があるとする。折ったり曲げたりするのは簡単だけど、塗装して乾燥させるのは時間がかかる。だから、加工のペースに合わせてつくっていては、乾燥工程のところで絶対にたまってしまう。これでは最終的に製品をつくりすぎてしまう状態になるからダメ。逆に、塗装を乾燥するペースに合わせて加工していけばいい。すると在庫がたまらない。これはまさに車と同じ。2車線の道路が1車線になったら渋滞ができるのと同じこと。2車線で快適に流れていたのが、1車線になるせいで遅延が起きると考えればいい。すると、経営学ではなく「渋滞学」で研究できる。

こういう課題を聞いた時、「これは経営学の課題だから僕の興味とは関係ない」なんて思ったらダメ。「これって実は〇〇じゃないか？」そんなふうに、発想をもっと広げて柔軟に考えれば、解決策がどんどん生み出される。

僕がこういった研究を始めたのは、だいたい28歳ぐらいの時。社会の問題を数学とリンクさせて解いてやろう、というのが僕のとった戦略だ。人がやっていることを真似《まね》するのではなく、何か新しいことをやろう——それが考えの源泉だった。幸か不幸か、当時は「渋滞学」なんて誰もやっていなかったから、当然のことながら最初の7年ぐらいはものすごく苦労した。研究費は当てられないし、学会に出ても誰も注目してくれない。だけど7年ぐらい我慢すると、世界が変わってくる。ありがたいことに、今では「『渋滞』といえば西成先生」とお声がかかるようになり、時々テレビで紹介してもらったり、いろいろな機関と共同研究させてもらえるようになった。でも、こんなふうに花開いたのは研究を始めてから7年後。その7年間の間で一度でも諦めていたら何もない。

君たちも、たとえ認められなくても7年は逃げちゃダメ。本当にいい研究だったら、その後で必ず世間がついてくるから。

必要なのは「思考体力」と「多段思考」

社会で本当に成功する人ってどんな人なのだろう？

最初にクギを差しておくけれど、有名大学に入学することだけを目標にしている人は、大学の2～3年ぐらいで成績が伸びなくなる。目標が達成された時点で燃え尽きてしまう。でも、人生というのは大学を卒業した後が本番で、受験時なんてまだスタートラインにも立っていない。じゃあ、成長を止めないためにはどうすればいいか。

ひとつは、オリジナルで考えているかということ。答えを見て安心するのではなくて、

「絶対にこの解法とは違う方法で解いてやろう」と思ってほしい。解法なんて無限にある。教科書に書いてあるやり方が一番いいとは限らない。だから、常にオリジナルな方法を編み出してほしい。教科書のスマートな解法なんかよりもダサくて全然かまわないから。違う方法を見つけられるかどうか。これが大学に入ってから伸びる力のひとつ。

それと、何事も曖昧にしないでほしい。わからないまま曖昧に進んでいると、いつか足元をすくわれる。砂上の楼閣という言葉があるけれど、まさにそういうこと。足元がしっかりしていなければ、どんなに立派な建物でも崩れてしまう。数学であろうと理科であろうと国語であろうと、教えてくれる先生はたくさんいるわけで、いろいろな本もあれば聞く機会もある。絶対に食らいついて絶対に自分が理解するまでやってほしい。その根性が大事。むしろ先生を困らせるぐらい、「もう来るな」と怒らせるぐらいのガッツで食らいつくこと。

こういう頭の体力を身につけるために、とりわけ大事にしてほしいのは「多段思考力」。つまり、一段だけじゃなくて何段にも考え続けられる論理の力。これが一番大事なんだ。例えば、「今晩何を食べようか」と思った時に、パッと「カレーが食べたい」と思いつく人は残念ながら単段思考。一段しか考えていない。一方、「昨日は肉を食べたから今日は魚にしよう」とか考える人は二段思考といえる。そこからさらに「明日はパーティがあっていっぱい食べるから、今日はちょっと時間を遅くする代わりに少なめにしよう」なんてあれこれ考えている人は多段思考。この3人、将来大きく健康状態に差が出てくる。これ、冗談じゃないから気をつけて（笑）。

将棋なんてまさに多段思考のせめぎ合いの世界だ。以前、ある女流棋士の方に「何手先を読んでいますか」という質問をぶつけてみた。何手だと思う？　実に「100手」だという答えが返ってきた。100手先なんて、ほとんど勝負がついていてもおかしくない。こりゃお手上げだ。100手読んで指している人に勝てるわけがないよね。スポーツの世界なんかも同じ。サッカーであの人にボールをパスしたらここが開くからそこに走り込んで……なんて考えられるチームが絶対的に強い。要するに、プロフェッショナルな人はそれだけいろいろなバリエーションを考えてやっているということ。少なくとも、どんな分野でも大成したければ最低二段以上の思考力は持っておかなきゃいけない。

最近は面倒くさがりが増えてきている。これはテレビもいけない。テレビに出ると、ディレクターから「説明は一段にしてください」なんて言われてしまう。要するに、大学の先生は説明が長いからダメなんだということ。それじゃまどろっこしいから、「AだからBなんだ」と全部言い切ってくださいというわけ。「Aになるけど、もしBだったらCになる。D

の場合だったらEですよ」なんて言うと全部カットされる。でもそれじゃダメ。こういう単段思考は「タブロイド思考」とも呼ばれている。週刊誌やスポーツ新聞といったタブロイド紙には、「AはBだ」と短絡的に書いてある。分かりやすいからみんな飛びついてしまうのだけれど、そうすると思考回路が劣化しちゃう。いろんな可能性を放棄することで解決策が狭められちゃう。

勉強していても何にしても、面倒くさいと思う瞬間はたくさんある。でも、その面倒くささに負けて引いてしまったら成長しない。面倒くさいと思ったら、そこで奥歯をかみしめてこらえてほしい。そこにこそ成長があるのだから。そこでぐっと踏みとどまれるかどうか。この力が何事においても最後の最後に効いてくるし、将来の行く末を決めることになる。僕は、最後に将来を決めるのは才能ではないと思う。最後はやっぱりガッツ。倒れた後に、もう半歩繰り出せるかどうか。これがまさしく思考体力なんだ。この力がある人は将来何をやっても大丈夫。才能なんて関係ない。7年食らいついた先でようやく花開いた僕が言うのだから信じてほしい。

部分だけ見ていると正解を見失う

あとは、「全体を見渡す」ということも覚えておいてほしい。君たちも将来、自分の地位が上がってくると、いろいろなところを見渡さなければいけなくなる。つまり、どれだけ先を読んで、周りを見て生きているかということが人間力を決めることになる。

前を向いている状態でも隣に座っている人が男性か女性かはわかるよね。これが周辺視野。達人と呼ばれる人はこの周辺視野が鍛えられている。だから同じことを見たり聞いたりしても、頭の中に入っている情報量が違う。逆に、部分だけ見ていると全体が見えなくなってしまい、情報量も落ちてしまう。

このことを良く表す図形の問題を紹介しよう。この2点を結ぶ最短のルートはこれだよね。でも、ここからが難しい。4つの点を線で結び、その線の長さを最小にするにはどうすればいいか。線の合計を一番短くできればどう結んでもいい。

答えはバッテンの形だと思うかもしれないけど、実は違う。これよりも短く引くことができる。正解はこれ（次頁参照）。これは部分最適と全体最適という、かなり難しい問題で、ぱっと解ける人は今すぐ東大に入れるレベル。だからってすんなり納得しないで、ここで教訓をちゃんと感じ取ってほしい。

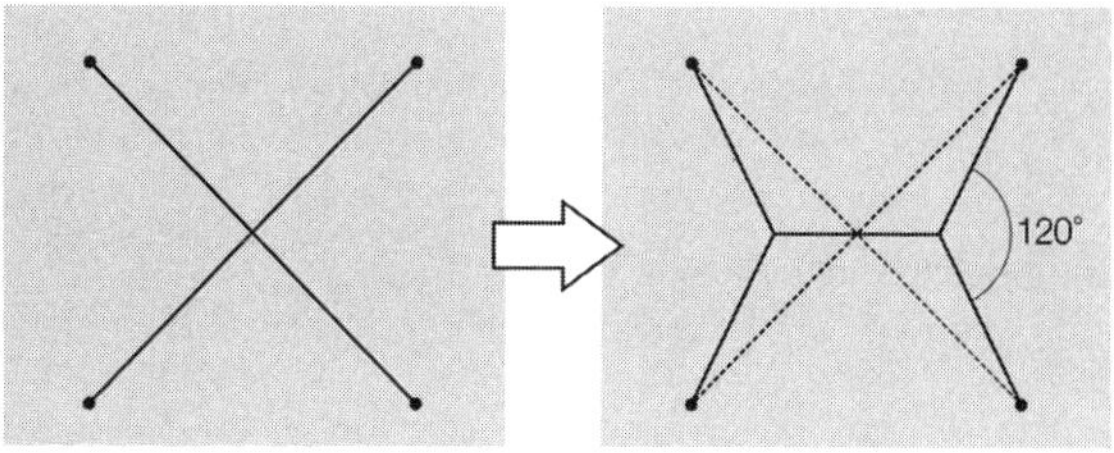

まちがいの例　　　　正解

　部分だけを見ていると、全体に通じる正しい答えが見えてこない。だから、まずは一歩引いて、別の答えがあるのではないかという想像力を常に働かせてほしい。一歩引いて全体を眺めて、「なんだか怪しい」と訝《いぶか》しむ。そこで自分なりに工夫をしはじめるとこうした発見ができるわけだ。

　これは図形だけでなく、時間の問題でも同じ。人生という時間軸においても、全部プラスの数値ばかり狙おうとすると、将来倒産してしまったり病気になったりして、結局はマイナスで終わるはめになる。だから、いつもプラスを狙うのではなく、たまにはマイナスでもいいじゃないかと考えてみる。例えば、君たちが今まさにそういう時期。一所懸命考えて勉強するしんどい時期にいるわけだけど、そういう時期があって初めて上にいけるわけ。この過程を表した曲線を、アルファベットのＪの形になぞらえてＪカーブと呼んでいる。君たちはこのＪカーブを目指すべきなんだ。苦労する時期を嫌っていい時期ばかり狙っていくと、将来必ずダメになる。今の日本の政府がまさにそれだね。二宮尊徳《にのみやそんとく》さんがいいことを言っているけれど、「遠くを計るものは富み、近くを計るものは貧す」。遠くを見ている人はリッチになり、近くを見ている人は窮乏する。

今言ったことを踏まえて、こんな問題を解いてみてほしい。すなわち「壁の落書きをなくすにはどうすればいいか？」

数学でもいいし、物理学、経済学、心理学、何を使って解いてもいい。実際、いろいろな方法がある。例えば、監視カメラをつけるとか、警備員を雇うとか。でも、この問題に対して海外で実施された画期的な解決法というのは、そういう方法とは根本的に異なっている。じゃあ、いったいどうやったのか？　それは、「落書きをした人にお金をあげる」。こんなの誰も思いつかない。普通はバカかと思うよね（笑）。

実際、この噂《うわさ》を聞きつけたくさん人が集まって、壁は前以上に落書きだらけになった。そこで、あげるお金を少しずつ減らしていって、最終的にはお金をあげないことにした。すると面白いことに、誰も来なくなって落書きがなくなってしまったそうだ。この事例は、いたずら目的で来ていた者にお金を払うことで、お金目的に変えさせたという点に勝因がある。相手の当初の目的をずらしてやることで、自分が主導権を握れるというわけだ。お金を支払うというとナンセンスに聞こえるかもしれないけど、例えば警備員を雇ったら、ずっと人件費を払い続けなきゃならない。でもこの場合は、最初の投資だけで済んでいる。つまりさっきのJカーブと同じ。最初に損をして、最終的に元をとる。こういう全体を見越した解決方法を考えつく人間はすごい可能性を秘めている。

社会全体の幸せは数学でも割り出せる

またまた話が横道に逸れちゃったけど、最後はやっぱり数学で締めよう。

社会全体の幸福を考える上で大切なのが「利他精神」。つまり、他人を思う気持ちのこと。僕は今、この問題を数学の力を使って解決するべく研究している。

例えば、「人気のレストランに行こう」と考えたとする。レストランに行くのはいいけれど、そこには席数の問題がある。皆がその店に行けば全員が居心地良く店にいられるとは限らない。この場合、客の行動は「行く」「行かない」の2通りが考えられる。一方、店の状態は「空いている」「混んでいる」の2通り。これを組み合わせると、2×2＝4通りの結果が割り出せる。そのうち、みんなが幸せを感じられるのは、「行く」×「空いている」の場合と、「行かない」×「混んでいる」の場合の2通り。空いている状態でレストランを堪能できればもちろん幸せだし、逆にレストランが混んでいたら「今日は行かなくて良かったね」ということになる。

この「幸せを感じる状態」を◯とおく。この試行を繰り返す際、◯の総数が最も多くなるようにするにはどうしたらいいか。一人ひとりがどう行動すればいいか。それはまさしく、社会全体の幸せを考えるということにもつながる。

実は、数学には進化ゲーム理論というものがあって、それを使うとこの問題の解答がちゃんと導き出せる。すなわち、レストランに行って楽しい思いをした人は、次はレストランに行かないようにする。一方、家にいて快適な思いをした人は、次は何があってもレストランに行くことにする。つまり、いい思いをした人が勝ち続けないように行動する。他人に勝ちをゆずるよう心がける。逆に×だった人は、次は自由に行動する。それを全員でやると、◯の総数が最大になる。つまり社会全体が幸せになるということが、なんと数学で証明できてしまう。言っておくけど、これは宗教でもなんでもないからね（笑）。宗教的な教えじゃなくて、数学の世界の話。

「渋滞」の問題もそう。車も人も、みんなが慌てず少しずつスピードを落とせば、結局は早く目的地に着くことができる。とはいえ、通り一遍の譲り合いの精神を掲げるだけでは、その事実がなかなか伝わらない。けれど、ちゃんと「数学」の力で根拠を示して説明すれば、納得してくれる人が大きく増える。

数学は机上の学問じゃない。さらにいえば、数学に限らずあらゆる学問は、社会の問題をさまざまな角度から解決するヒントになり得る。

僕にとっての数学と同じような学問を、君たちも自分なりに見つけてくれることを期待している。

◎若い人たちへの読書案内

インターネットに毎日接していると、あまりにもたくさんの情報が飛び込んでくるため、それらに振り回されながらダラダラと時間を過ごしてしまうことが多い。中には正反対の内容の情報もあり、何を信じたらよいのか分からないこともある。このような情報過多の時代、なかなか将来を見通すことは難しく、自分の進路について迷っている人も多いと思う。

こういう時こそ、現実から一時的に離れて、まずはできる限り大きな夢を描いてみることをお勧めしたい。そんな時に読んで欲しい本が、**吉川英治『三国志』**（講談社）である。ここには、強烈な個性を持つ人たちが出会うことで世の中がどんどん変わっていく様子が描かれており、壮大なロマンを感じさせてくれる。社会の大きな波の中で、確かに一人の人間は小さな存在であり、自らの無力感を感じることもあるかもしれないが、だからといって自分の可能性をあきらめてはいけない。この本で感じてほしいのがまさに無限の可能性を秘めた人間力であり、小が大に勝つ方法はいくらでもあるのだ。

例えば、主人公がたった数名で小さな城にいるときに、四方を大群の敵に囲まれてしまう絶体絶命のピンチが起きた。しかしこの際に決して慌てず、逆に城の門を開け放ち、優雅に音楽を奏でてみせたのだ。それを見た敵は、きっとこれは罠《わな》に違いない、と考え、城には攻め入らずに退散し、主人公は助かったのだ。このような知恵の宝庫である三国志は、これからの人生でどうしてもくじけそうな時に、偉人たちも同じく悩んで必死に頑張ってきた姿を教えてくれ、とても勇気づけられるだろう。

さて、インターネットのおかげで世界は身近な存在になり、これからますますグローバル化していくだろう。その際に重要になるのが何といっても英語力である。しかし残念ながら日本人は英語に苦手意識を持つ人が多い。そこでぜひ読んでほしいのが、**マーク・ピーターセン『日本人の英語』**（**岩波新書**）である。日本人が陥りがちな英語の癖を見事にとらえた本書は、これまで四半世紀も愛読され続け、その後続編も2冊出版されており、どれも大変お勧めだ。私たち日本人は、日本語に無い a や the などの冠詞の扱いにとても苦労するが、そもそも名詞に冠詞をつけるという発想自体がおかしい、と筆者は説く。ネイティブはそういう発想をしないのだそうだ。

どうして英語圏の筆者が日本人の発想の癖をきちんと理解できるのだろうか。その答えは、著者自身が苦労をして日本語を勉強したからである。日本語も英語も深く携わった筆者だけが到達できた内容が本書にはたくさん書かれていて、見事に日本人の思考法の盲点を突く内容になっている。これは英語だけでなく学問全般に言えることで、異なる分野を同時に勉強することで、より深い理解に到達でき、これが新しい発展と創造につながっていくのだ。

ヒトはなぜ
ヒトになったか

長谷川眞理子

はせがわ・まりこ
1952年生まれ。東京大学理学部卒業。同大学院理学系研究科人類学専攻博士課程単位取得（理学博士）。専攻は人間行動進化学、行動生態学、進化心理学。専修大学教授、早稲田大学教授を経て、総合研究大学院大学教授。主な著書に『動物の行動と生態』『クジャクの雄はなぜ美しい？』など。

文化人類学と自然人類学

今回、私が選んだのは「ヒトはなぜヒトになったか」というテーマである。ヒトはいつ、どこで生まれ、どのような進化を経て、現在の姿になったのか。そしてそこから、今を生きる君たちに何が伝えられるかということを考えていきたいと思う。

まず、この話は、学問でいうと人類学に分類される。人類学という学問には「文化人類学」と「自然人類学」という二つの系統が存在する。文化人類学は、その名のとおり文化という要素に焦点をあてるもの。人間の文化がどのように多様で、どうしてそのような文化が生み出されたのか。人間のつくり出した文化を、地理的・歴史的環境といった観点から研究する学問である。これは、人文社会系の学問ともいえるだろう。

それに対して、私たちの体や脳、骨などの解剖学、生理学などの観点から、人間の体がどのようにして進化してきたかを調べるのが、自然人類学である。脳の働きは、人間が何を考え、何を思い、何をつくり出すかということに直結しているので、これには人間の心についての話も含まれる。今日の講義のテーマは、この自然人類学に属するものになる。それでは、自然人類学について話していきたい。

自然人類学は、とてもおもしろい学問だ。それはなぜか。何か一つのことを掘り下げ続けるのではなく、「総合的」な学問だからだ。

例えば、分子生物学や遺伝子の研究の場合は、ある特定の遺伝子が及ぼす影響や働きについてどんどん追究していく、といったように、一つの話題を深く深く掘り下げていくことが多い。自然人類学は、そうではない。いろいろな学問の要素をつまみ食いして、それらで得た知識を、頭の中でジグソーパズルのように組み合わせて活用していかなくてはいけない。そういう意味で、とても総合的な学問といえるのだ。

こうした、いろいろな分野での知識を総合して考える学問は高校では学ばないし、さきほど紹介した自然人類学についても、学ぶ機会はない。皆さんの中学や高校の教科書に、人類の進化の歴史が紹介されているかと思うけれども、あれは、凄《すご》く古くさいことしか書いていないし、あれでは自然人類学のおもしろさは伝わらない。実際は、とてもあんな単純なものではないのだ。

では、その自然人類学を学ぶにはどうすればよいのか。自然人類学を専門とする学科を持っている大学は、日本では東京大学と京都大学のみ。ほかの大学で、自然人類学をきちんと学科専門として修得できるところは、現在のところ存在しない。どちらも採用人数が少なく、大変だとは思うけれども、自然人類学をやろうと思ったら、頑張って勉強してどちらかの大学に入ってほしい。

それでは、こういう学問もあることを知ってもらったところで、ヒトの話をしていきたい。

環境に適応し、進化する動物たち

まず、ヒトとはどのような生物なのか、自然界でどのように位置づけられるものなのか、を確認していくことにする。

ヒトは動物の中の、哺乳類《ほにゅうるい》に分類される。地球上にはおよそ4500種類の哺乳類がおり、その中でもヒトは猿の仲間・霊長類《れいちょうるい》に属する。霊長類には、夜行性でちょっと古いタイプの原猿類《げんえんるい》と、より新しいタイプの真猿類《しんえんるい》というのがいる。真猿類はさらに新世界猿と旧世界猿とに分かれている。ヒトはその旧世界猿の一種である。

さて、旧世界猿には、いわゆる「モンキー」といわれるサルと、大型でしっぽのない「エイプ」と呼ばれる類人猿、そしてヒトが存在する。

哺乳類というのは、どのような生き物か。私は一時期、クジャクとゾウの研究でスリランカにいたのだが、哺乳類というのは実に多彩で、アラビアオリックスやシマウマ、ネズミなどかたちも大きさもさまざまな生き物がいる。そのどれにも共通するのが、四本足で地面を歩き、走るということ。そして必ず雌が赤ちゃんを産んで、ミルクを出す。これはどの哺乳類にも例外なく共通する部分である。

哺乳類は、四本足で地面を歩いて生活するのが基本だった。しかし、やがて生活の場を空に求めて空中を飛んだり、水中に潜ったりと、生活スタイルが変化した種類が登場した。哺乳類が空を飛ぶようになって生まれたのが、コウモリの仲間だ。飛行するために、その体は軽量化し、翼を持つようになった。

同じように水中に進出した生き物には、例えばジュゴンのような海牛目《かいぎゅうもく》がある。ほかにもイルカやクジラがいるが、彼らは水中を泳ぐ必要性から、体つきが大きく変化した。前足・後ろ足に分かれた骨の構造は変わらないが、足のかたちは泳ぐ際に最適なものに変わっていった。このように、四本足という哺乳類の基本的な構造はそのままに、体を生活環境に最適化し、「ロコモーション」と呼ばれる移動の仕方や様式を変えた種類が多く登場することになる。

では、霊長類であるサルはどのように変化したのだろうか。サルは生活の場を森林の上部に移したので、その体は、樹上生活に適したものに特化していった。原猿類の一種のメガネ

知能が高く、ヒトに最も近いといわれるチンパンジー（提供：京都大学霊長類研究所　撮影：野上悦子）

ザルは、五本ある手の指でも、親指はほかの四本の指と離れた場所にあり、しっかりと木々の枝を摑《つか》めるようになっている。足の指も手と同じように進化し、木々を使って森林の中をより自由に動き回ることが可能になった。また、腕の可動範囲の広さも霊長類の特徴の一つで、イヌやネコなど、ほかの動物では考えられないぐらい自由に動かせるのだ。

さらに、木の上の世界を三次元で立体的に見るために、目が正面についている。ウマなどは側面や後方からの危険を察知するために目が顔の側面についているが、この場合正面の対象に対して、視野に焦点を結んで立体的に見ることはできない。目が正面にあることで両目の視野が重なり、立体的に対象との距離を測ることができるのだ。霊長類にとってこの立体的な視野は非常に重要で、メガネザルなどは夜行性ということもあり、特に目が大きくなっている。顔の中で目が占めている面積が大きく、ヒトでいうとグレープフルーツ大の目玉が二つ顔にあるのと同じぐらいの割合になる。闇の中で昆虫を捕まえたり、木々の葉っぱをとって食べるには、こうした進化が必要だったのだろう。

ヒトが地上に降りてきたのはいつ？

このように環境に合わせて進化してきた霊長類は、時代とともに、マウンテンゴリラやオランウータン、チンパンジーなどの類人猿をはじめ、さまざまなかたちが登場した。その中でも、知能が一番高いチンパンジーはヒトに最も近いといわれる。遺伝子情報の点でも、両者は全体の5パーセント程度しか違いがないのだ。現在は、両者でどの遺伝子が異なり、それがどういった差として出ているかという点を調査しており、あと10年も経てば、サルがヒトになるまでの遺伝子の変遷が解明されるはずである。

では次に、チンパンジーとヒトとの違いという点を中心に見ていこう。

現在、世界中至るところで文明社会を築き、繁栄を謳歌《おうか》している私たちヒト。一方、そのヒトに最も近いとされるチンパンジーは、家も建てず、科学も文化も使わずに、アフリカの森林で絶滅の危機に瀕《ひん》している。ほんの600万年前までは同じ生き物だったのに、なぜヒトだけがここまで発展し、彼らは変わることがないのか。チンパンジーとヒトをここまで分けたものは何だったのか、という疑問について考えてみる。

そもそも、ヒトの定義とはどういったものなのか。「人類」とは、今は化石でしか残っていない数多く存在した過去の種も含むのだが、基本的に直立で歩行する仲間のことを指す。類人猿との最大の違いは、ヒトはまっすぐに立って二足歩行をすることである。例えば、ゴリラの骨格とヒトの骨格を比べると、ゴリラの骨格を立てれば、そのまま人間の骨格に見えてしまうぐらいに似ている。しかし、両者には、決定的な違いがある。

先ほど説明したように、哺乳類というのはもともと地上を四本足で歩行していたが、霊長類は頭上の木々で生活するようになった。その際、手足など体を環境に適応させ、木々の果実や葉っぱを食べられるように歯も変化させたのだ。

そうまでしたのに、ヒトはもう一度地上に降りてきた。その時に、人間はもとの四本足での歩行には戻らずに、後ろ足だけを使い二本足で地上を歩行することを選んだ。足を、完全に移動するための道具にしてしまったのである。以降、人間の足は独自のかたちで進化を続けた。

人間の足は、親指がほかの指と離れていない。だから当然、サルのように足で枝を掴むということができなくなった。しかし、手の仕組みは変わらず、親指だけが離れたいわば4対1の構造で、どんな物でも掴めるようになっている。さらに、移動に手を使うことがなくなり、自由に使えるようになったのだ。チンパンジーの手も器用にできているが、彼らは歩行の際に手を使わなくてはいけない。結果的にこのことが、ヒトとほかの霊長類との決定的な違いになった。

今は遺伝子を分析することで、ヒトとサルのように、もとは同じ生物が何万年前に別の種類に分かれたのかわかるようになってきている。霊長類の大本となる生物からどのくらいの年月を経て、ヒトは誕生したのか。

今も生息している類人猿とヒトとの関係を見てみると、人間とは一番遠い種類とされるオランウータンは、約1200万年前に分かれ別の道を歩むようになった。そして、およそ1000万年前にゴリラが別の道を歩み、独自に進化していく。そこから先には、ヒトとチンパンジーの共通祖先がいたのだけれども、これもおよそ600万年前に系統が分かれ、チンパンジーもまた、そこから独自に進化し今に至った。

チンパンジーと分かれて以来、ヒトは直立二足歩行をするようになっていったのだが、現在のような姿になるまでには、さらなる進化を経ている。約50万年前にネアンデルタール人という種類がいて絶滅したことは一般的にもよく知られている。だが、その前にももっともっとたくさんの種類が派生していて、どれも同じように絶滅しているのだ。長きにわたる進化を経て、今最後に残っているのが、私たちヒトなのである。

チンパンジーとヒトが分かれる前には、共通祖先といわれる種類がいた。これがそれぞれチンパンジーやヒトになるのだが、これ以外にも直立二足歩行する人類はたくさんいた。その中に、有名なアウストラロピテクスという種類がいる。これは直接的に今のヒトにつながるものではないが、ここの近くの系統から、「ホモ〜」といった種類が出現し、やがて我々ヒト＝ホモ・サピエンスになったのだ。このホモ・サピエンスが具体的にどこの系統から出てきたのか、ということについては、今なお議論が行われているが、「ホモ〜」というたくさんの種類が存在したのは間違いないといわれている。

私たちヒトは、いつこの地上に出てきたのかというと、600万年前にチンパンジーと分かれ、およそ200万年前にホモ属の種類が登場し、さらにその中から、およそ20万年前にホモ・サピエンスがようやく誕生した。まだ20万年しか経っていないのだ。長い長い進化の歴史上で、最後の最後に出てきた種類なのである。

ヒトの定義とは何か

ヒトにつながる祖先として現時点で確認されている一番古い種類は、サヘラントロプスとオロリンと呼ばれるものである。これらはおよそ600万年前と500万年前の化石が出土しているのだが、なぜ彼らが、ヒトの祖先であるとわかるのか。

まず、頭の骨に背骨がどのようについているか、がポイントになる。私たちのように直立二足歩行をしていると、背骨が頭蓋骨《ずがいこつ》の真下につく。四足歩行をする生き物は、どれも背骨が頭の後ろから出ている。だから、背骨が頭の下についていれば、それは直立二足歩行をしていたことの証拠となる。この点から、同じ特徴を持つサヘラントロプスは、ヒトの祖先であるといえるのだ。

一方、オロリンは頭部の化石がなく、大腿骨《だいたいこつ》しか残されていない。しかし、二足歩行と四足歩行の生物では大腿部の仕組みが大きく異なる。だから彼らがヒトの祖先だとわかるのだ。遺伝子的にはもちろん、このように骨の仕組みからも、ヒトとチンパンジーが少なくとも600万年前に別々の系統に分かれたということがいえるのである。

ヒトの定義とは

- 脳が大きく、大人は複雑な文化的行動をとる
- 分業し相互扶助する社会を形成
- 子どもが一人前に成長し、社会の輪の一つになるまでに大変な時間がかかる（皆で共同作業）
- 子どもの生産と文化の継承という二つの柱がある

森林から平原へ。生活場を移すヒト

君たちが使っている教科書にはまだ記述はないのだが、チンパンジーと分かれて二足歩行を始めたこの時点では、ヒトの祖先は平原ではなくまだ森林で生活していた、と最近の研究で考えられている。ひと昔前までは、ヒトは生活の場を森から平原に移し、その影響で二本足で歩くようになったとされていたのだが、森での生活の時点ですでに二本足で歩いていたことがわかった。この頃の類人猿は、二足歩行をしつつ、木登りもできるような体つきをしている。

つまり、チンパンジーと系統が分かれて、すぐに生活の場が平原に移ったわけではなく、しばらくはまだ森と平原の両方にいて生活していた。平原に出るために二足歩行になったというシナリオは理解しやすいのだが、森で暮らしている段階から、なぜ二本足を使うようになったのかは、現在まで解明されておらず、謎のままである。

現在のヒトと完全に同種の体格が見られるようになるのは、約160万年前に生息していたホモ・エルガスタという種類からである。この頃から、森から平原に出て、長距離を二足歩行で移動し生活していたと考えられている。ちなみに、このホモ・エルガスタの化石は16歳ぐらいのもので身長が165㎝ほどあり、成人したら185㎝ぐらいになると考えられている。

平原進出に立ちはだかる困難

では、なぜヒトは過酷な平原・サバンナに進出していったのか。実はその時代、地球上では乾燥・寒冷化が進んでおり、生息地であるアフリカの森林が少なくなっていた。その際に、最後まで残された森林にしがみついていたのが現在のチンパンジーであり、環境変化のためにサバンナに出て行かざるを得なかったのがヒトであった。森林をチンパンジーたちにとられてしまったともいえるが、外の世界に出て行かなくてはならなかったことが、後の進化につながることとなる。

森林からサバンナに出た彼らを待ち受けていたのは、大変に過酷な生活環境であった。まず、水がほとんど存在しないのだ。水場がところどころに点々としかないので、水場から水

過去600万年の気候変化と人類の変遷

■600〜430万年前	地球の氷の量が0.5%範囲で変動し温暖化 → **直立二足歩行する人類の始まり**
■430〜280万年前	氷の量の変動がやや少量になる
■280〜240万年前	氷の量が上昇、240万年前に寒冷化のピークに → **ホモ属が進化し、サバンナへ進出する**
■240〜210万年前	氷の量が徐々に減少し温暖化
■210〜90万年前	氷の量が一定になる
■90〜70万年前	氷の量が上昇、70万年前に寒冷化のピークに → **古代型ホモ・サピエンスの登場**
■70万年前〜現在	10万年毎に氷の量が大幅に変動 → **ホモ・サピエンスの登場**

場へ歩いて移動するにも長距離を移動しなくてはいけない。そして気温が高いので、汗をどんどんかいて体温調節をする必要がある。この環境のために、彼らは体毛を失い、代わりに汗をかくための汗腺《かんせん》という器官が増えたと考えられる。600万年前、チンパンジーと分かれたばかりの頃はまだ毛むくじゃらだったはずで、本当に毛をなくさなければいけなくなったのはサバンナに進出した200万年前ぐらいからであろう。

私たちヒトは暑さで汗びっしょりになるが、こういう哺乳類は実はあまりいない。ウマは汗をかくが、イヌやネコはそんなにかかないし、そもそもそんなに長距離を走るようにはできていないのだ。ヒトの特徴の一つとして、長距離移動が可能であることが挙げられる。チーターなどは高速で移動できるが、長距離は走れない。これも汗腺と同じように、サバンナに適応し生き抜くための、ヒトの進化である。

次に、食べ物の問題がある。それまでは樹木が生い茂る森で、木々の葉っぱや果実をもぎとって食べていればよかった。しかし、サバンナにはヒトが簡単に手に入れられるような食料は、ほとんどない。シマウマのような、タンパク質の塊ともいえる草食動物が多く生息してはいるが、ヒトは肉食動物ではない。肉食動物はつめやきばを持ち、ほかの動物を食料にできるが、木の上で暮らしていた霊長類が簡単にほかの動物を狩ることはできなかった。では、植物はというと、こうした過酷な場に生息する植物は水分をあまり含んでおらず乾燥しているものが多い。また、外殻が硬かったり、水分を含む実の部分は地中に埋もれていることがほとんどである。そうした実をとるためには地面を掘らなくてはならないが、器用さを重視した手なので、つめで掘り進むこともままならなかった。

生き抜くために、ヒトが編み出した進化とは

では、彼らはこの難局にどう適応していったのか。一つは、食料を確保するために、自然を利用して非力さをカバーする道具を製作し、活用することを覚えた。石器を使っての狩り

や、食物採取である。

そしてもう一つ、目標のために役割分担し複数で共同作業をすることを知ったのである。それまでのように、一人ひとりが群れの中で勝手に暮らすのではない。群れという組織において、互いが自分と相手の果たすべき役割を理解し、目標達成のために何をするかを考え、いっしょに行動する。群れ全体が自分の立ち位置と役割を意識する集団となり、こうした社会関係の理解こそが、類人猿とは異なる、ヒトをヒトたらしめた最大の分岐点になったのだ。このときを契機として、ヒトの脳は著しく進化する。やがてヒトは、ほかの動物と比べて格段に大きな脳を持つようになった。これは過酷な環境でヒトが編み出した、生き抜くために必要な進化だったといえるだろう。

人類は二足歩行に加え、大きな頭部を持つように進化したが、その頭部で特に大きいのが脳である。最初から大きかったのではなく、300~400万年前の時点では、チンパンジーやゴリラとあまり変わらなかった。しかし、サバンナに出て行き環境に適応したホモ属が出てきた頃から、一度急激に大きくなる。その後しばらく、大きさは変わらないが、現在のホモ・サピエンスが登場したときに、またもう一段大きくなったのである。

実際に脳の大きさを比較してみると、チンパンジーの脳の容量が約380ccであるのに対し、ヒトは約1400ccある。しかも、進化の過程で単純にチンパンジーの脳がそのまま大きくなったということではなく、目の裏側の部分から頭のてっぺんにかけて、おでこ周辺にある前頭前野という部分が特に大きくなっているのだ。

その前頭前野とは、何を司《つかさど》る部分なのか。脳の働きは解析されてきたが、前頭前野にあたる部分がどのような機能を持っているかは長年わからなかった。近年ようやく、前頭前野は「自分を客観的に見る」感覚を司っていることがわかってきた。自分が何をして、何を感じているか。そして他人が何を思い、どう感じているか。自分の気持ちを参照しながら、相手が何を感じ考えているかを知るための器官なのだ。また、自分が何を欲しているかということもモニターしているので、それと連動して、目標を達成するために、次に何をしなければいけないかといった物事の優先順位を決める役割もある。

これは言語能力などとは別々に管理されており、例えば事故で前頭前野を損傷してしまっても、言葉や記憶、思考には問題ない。しかし、他人の気持ちが読めなくなったり、次にするべきことの判断ができず、何かをしようという意欲もわかなくなってしまう。

前頭前野の働きをほかの霊長類と比較すると、サバンナに出て環境に適応したヒトが、他人の心を読んで共同作業をし社会生活を営むようになった、という進化の過程がわかるのである。

人間の脳は、だらだらと何となく大きくなっていったのではなくて、サバンナに進出したときと、ホモ・サピエンスが登場したときに、一気に大きくなった。その二度の拡張の際、ヒトがどのような困難に直面し、切り抜けていったのかが、現在の自然人類学で一番おもしろい部分なのだ。

まだ正確にはわかっていないが、二回目に脳が発達した時期は、ホモ・サピエンスがアフリカ大陸からユーラシア大陸に進出していったときと重なっており、このことが秘密を解く手がかりになるかもしれない。20万年前、アフリカ大陸から陸地を伝って新しい世界へ進出したヒトは、世界各地に散らばり広がっていった。かつて森からサバンナに進出したときのように、それは大きな困難を伴ったことは想像に難くない。

そうしたリスクを冒してまで、なぜ彼らは外界に出て行ったのか。今よりもはるかに人口が少ない時代であり、アフリカ大陸にヒトが増えすぎて飽和状態になった、ということも考えにくい。

私は、その要因は、好奇心ではないかと思う。脳が大きくなることにより、ヒトは物事の因果関係をより深く考えるようになった。すると、今自分たちが生活している世界を客観視することができるようになり、同時に、さらに外の世界には何が広がっているのか、と考えるようになる。そうした冒険心から、彼らは別の大陸へ渡っていったのだと、私は考えている。それは、現在も我々が宇宙という空間に思いを馳《は》せ、ステーションを建設し、惑星を探査することと同じなのではないだろうか。

進化によって変化した、社会と子どもの在り方

これまで、チンパンジーなどとの比較を中心に、ヒトがどのように変化し今に至ったのかを見てきた。最後にもう一つ、ヒトが脳を発達させ、社会性を身につけたと同時に変化した、「子ども」の在り方について話したい。

ヒトは大きな脳を持つようになったが、それだけの脳機能が育ち一人前の生物になるまでに、ほかに類を見ないほどの時間とコストがかかるようになった。お産をこれ以上負担のかかるものにできないため、最初から頭部を大きくして産むことはできない。あくまでも、これまでどおりの状態で産み、大きく育て上げていかなければならないのである。

ある心理学者が、チンパンジーの赤ちゃんと同い年の自分の子どもを、同じ環境でいっしょに育てたらどうなるかという実験をしたことがあった。毎日、同じように話しかけ、同じ

物を食べさせ、その発達の違いを比べたのだ。最終的には、ヒトと同じ環境で育てても、チンパンジーはやはりチンパンジーにしかならないという結果が出た。

チンパンジーは4年程度で離乳し、その後は移動も自分一人でできるようになるし、果実をとることもできるようになる。暖かい熱帯降雨林の中で、ただ果実や葉っぱをとっていればいいから、独力で暮らせるし、そのまま一人前になり自立し、面倒をみる必要もなくなる。それに対してヒトは、3年ほどで離乳はするが、6歳になるまで大臼歯《だいきゅうし》すら生えてこないから食事も満足にできず、7歳ぐらいまでは大人と同じようには歩けない……。離乳したら一人前、とはいかないのである。

ヒトは、何歳で一人前になるのか。森に暮らし狩猟をして生活している部族の間でも、一人前として独立が認められるのは18~20歳になってからといわれる。日本で大学院に通っている子たちも、さまざまな面で親に頼って生きている人が多いことを考えると、現代では25歳くらいまで、周りのサポートが必要といえるだろう。

ヒトは、大きく優れた脳を手に入れた反面、一人前になるまでに長い期間を要するようになった。だからこそ、ヒトは社会全体で子育てを行うようになったのだ。社会とは、例えば学校や近所の大人、会社である。もちろん、子育ての中心には子どもの親や身近な人々がいる。しかし、長期にわたり複雑な多くの物事を教えなければならない現代社会では、子育てを社会全体が担わなければならない。現在のヒト社会は相互に補助しあう中で、技術や文化が発達し、類人猿であった頃からは考えられないような、多様な道を切り開いてきたのだから。

チンパンジーと別の道を歩んで以降、ヒトは他者の気持ちを読み、力を合わせて共同作業をすることを覚えた。これがヒトの強みであり、大切な部分なのだと、君たちにはもう一度理解してほしい。すると、自分がこれまで社会に支えてもらって生きていたことに気づくだろう。そして、次は自分が社会を支えていこう、支えなければいけないんだという思いが見えてくるのだ。それこそが、一人前のヒトになる、ということではないかと私は思う。

今回の講義が、人類学という学問、そしてヒトの進化の過程を通して、君たちに社会の中の自分というものを、考えてもらうきっかけになればと思う。

◎若い人たちへの読書案内

アルフレッド・ラッセル・ウォレス著『アマゾン河探検記』 青土社

ダーウィンとともに自然選択による進化を考えついたウォレスによるアマゾンの探検記。もちろん、ダーウィン自身による『ビーグル号航海記』（岩波文庫）もよいのだが、アマゾン河の自然だけにしぼって圧巻。現代の若者たちにとっては、未知の世界を探検に行く、というようなことは、もはやあまり想像がつかないことかもしれない。それだけではなく、生物学をめざそうとする学生にとっても、さまざまな「生《なま》の」自然に存分に触れるという経験はあまりない。生物も地理も人間も文化も、世界がいかに多様性に満ちているかということを知るためにお勧めしたい。

スーザン・クイン著『マリー・キュリー（1・2）』 みすず書房

キュリー夫人のことは誰でも知っているに違いない。女性初のノーベル賞受賞者で、しかも、物理学と化学の二つの賞を獲得した、すばらしい科学者である。しかし、彼女の人生は、子ども向けの「偉い人の伝記」などではとても計り知れない激動の人生だった。一人の女性としてのマリー・キュリー、研究への情熱、あの時代は彼女をあのように扱うしかなかったという時代の限界など、いろいろな読み方ができる伝記。

ブレンダ・マドックス著『ダークレディと呼ばれて——二重らせん発見とロザリンド・フランクリンの真実』化学同人

DNAの発見については、ジェームス・ワトソンの著書『二重らせん』（講談社）が有名だ。あれはあれで十分におもしろい。が、その陰に、ロザリンド・フランクリンという女性科学者がいた。本書も、先の書物と同じく女性研究者の伝記だが、なんと言っても最終的に二つのノーベル賞に輝いたキュリー夫人とは大違い。キュリー夫人の時代とは様変わりして、研究をめぐる競争がえげつないまでに熾烈《しれつ》になった状況での、女性研究者の人生の物語である。ガンで夭逝《ようせい》してしまったのは残念でならないが、ワトソンの『二重らせん』と読み比べてみると感無量である。

「共生の意味論」

きれい社会の落とし穴

——アトピーからガンまで

藤田紘一郎

ふじた・こういちろう
1939年中国東北部（旧満州）生まれ。
三重県育ち。東京医科歯科大学医学部卒業。
東京大学大学院博士課程修了（寄生虫学）。
医学博士。順天堂大学医学部助教授、金沢
医科大学教授、長崎大学医学部教授、東京
医科歯科大学教授を経て同名誉教授。専門
は寄生虫学、感染免疫学、熱帯病学。『笑
うカイチュウ』『空飛ぶ寄生虫』『清潔はビ
ョーキだ』など著書多数。

アレルギー性疾患がなかった頃の日本

私の研究テーマは免疫です。インフルエンザやアトピー性皮膚炎（以下、アトピー）、ぜん息、ガンにかかるかかからないかは免疫次第です。生きる力は免疫だと言っても過言ではありません。その観点から、今の日本社会が陥っている大きな過ちについてお話しします。

アトピーやぜん息、花粉症といったアレルギー性疾患（以下、アレルギー）がなぜ増えたのか知っていますか？　これらは今では普通の病気だと思われていますが、40年前の日本にはなかったものです。「なんでもきれいにしよう」という日本人のライフスタイルの変化が引き起こしたのです。

40年前のインドネシア・カリマンタン島の写真を見てください（次頁）。驚くべきことに、ここにはウンチが流れていました。私はそれを見て「なんて野蛮な……ウンチが流れているところで遊んでいるから病気になるんだ」と最初は思いました。ところが、私は結局40年間、ここに通い詰めています。つい2週間前にも行ってきました。子どもたちはみんな肌がきれいでしょう？　もちろん今はおじさん、おばさんになっていますが、誰もアトピーやぜん息、花粉症にかかっていません。なぜウンチが流れる不衛生な場所で遊んでいる子どもたちが健

康なのか。これが私の生涯の研究テーマになりました。
40年前、私は整形外科の医者で柔道部の部長も務めていましたが、たまたま熱帯病調査団の団長とトイレで会ったのが運のつきで……ここは笑ってほしかったんですけど（笑）……柔道部から荷物持ちの人員を提供してほしいと言われました。調査団出発の前日に団長から「荷物持ちはどうなった？」と電話がありましたが、私はすっかり忘れていました。激怒した団長に「君が荷物持ちをしなさい」と言われて付いていくはめになったのです。
カリマンタン島で6カ月間生活し、現地の子どもたち（成人も）を調査しました。ウンチがぷかぷか浮いている場所で生活していますから、みんなのお腹の中には回虫がいました。ところが、アトピーやぜん息、花粉症の子はまったくいないし、血圧を測っても正常者が多くてコレステロール値もいい。不思議に思いました。

皆さん、回虫なんて見たことないでしょ？　回虫に全員かかっているなんてとても野蛮な民族と思うかもしれないけれど、私の小さな頃は日本人もみんな回虫を持っていたのです。

私は三重県多気《たき》郡明星村《みようじようむら》（現・明和町《めいわまち》）という田舎に住んでいましたが、ＮＨＫ番組「ようこそ先輩」で母校の明星小学校6年生を教える機会を捉えて、小学校の同窓会を初めて開きました。

集まった全員が覚えていたのが月に一度の「回虫の駆虫デー」。小学校の用務員室の大きな鍋でカイニンソウをぐつぐつ煮る。臭くて苦い、その煮汁を飲まされるのです。飲んだら副作用で目の前が真っ黄色になりますが、その日はもう勉強しなくていいので楽しみでした。そして夕方、お尻の穴から出てくる回虫を引っ張り出すのが、とっても気持ちよかった。回虫が何cmか測って、翌日学校に持っていきます。一番長いやつは一等賞をもらえた（笑）。たくさん出ると最多賞なんていうのもありました（爆笑）。しかし今では、回虫は珍しい生き物になりました。

子どもの頃、私たちは竹筒に杉の実を入れてパチンと打つ杉鉄砲で遊ぶために、花粉で真っ黄色になりながら杉の実を取っていたものです。杉の花粉をたっぷり集めて、女の子の髪にふりかけて「わー、金髪だー」なんていたずらもやっていたけれど、花粉症になる子ども

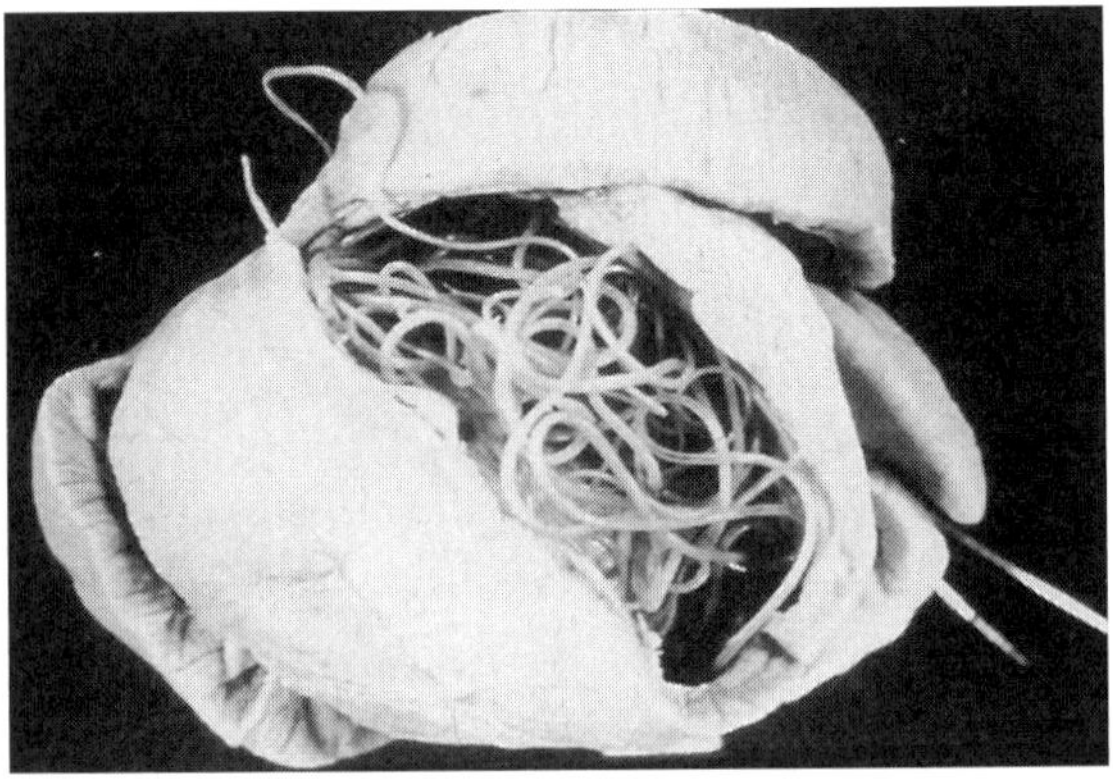

は1人もいませんでした。
　私は、三重県多気郡明星村とカリマンタン島での経験から、回虫がアレルギーを抑えるのではないかと気づいたのです。

誰も手伝ってくれなかった回虫の研究

　上の写真が何かわかりますか？　これは犬の心臓で、線状のものはフィラリアという寄生虫です。蚊が媒体となるので屋外で飼われている犬がかかりますが、30年前の野犬を調べると大抵フィラリアを持っていました。

　その当時、順天堂大学の心臓外科の先生方は野犬の心臓を使って実験していました。心臓の研究ですから、フィラリアは必要ありませんね。そこで私は心臓外科の先生方からフィラリアをもらって、ここからアレルギーを抑える物質を取り出す研究をしようと思いつきました。しかし、簡単にはくれなかった。

私は貧乏でしたが、お菓子を買ってきてそれと引き替えにフィラリアをもらって嬉《うれ》しそうに帰りますと、みんなは私のことを「おかしな奴《やつ》だ」と言うのです（笑）。ここはもっと笑ってほしかったな（爆笑）。免疫を上げるには笑うことがいいんですよ。これは後でお話ししますね。

ようやくフィラリアをもらってきても、誰も協力してくれない。研究は困難でした。新しい研究員が来たら「君、この中にアレルギーを抑える物質があるからいっしょに研究しよう」と誘っても、「こんな虫の中にアレルギーを抑える物質なんかありませんよ」と言われて……。私は助教授でしたが、教授まで「藤田君、そんなつまらない研究をしてはダメだ」と言うのです。

しかし、私は絶対に寄生虫の中に物質があると思っていましたから、教授が帰るのをじっと待って、夜遅くにたった1人でこの虫を洗って干して、はさみで切って……と実験を続けていました。夜の順天堂大学は怖いですよ。そこで1人、こうやって伸ばして切っていました。私は医師の免許を持っていましたが、アルバイトはしませんでした。回虫の研究で一所懸命でしたから。しかし給料が安いうえに、子どもが3人も生まれてしまいまして、家にはだんだん食べるものがなくなってきた。そこで九州にある女房の実家が送ってくれたのがそうめんでした。朝から晩まで寄生虫を伸ばして研究して、疲れて帰ったらそうめんをまた伸ばして食べて（爆笑）。もう麵はごめんね、というお話でした（笑）。

ともに生きてきたサナダムシと人間

話が脱線しましたが、私はとうとうアレルギーを抑える物質を見つけました。寄生虫の分泌排泄物《はいせつ》、つまりウンチやおしっこの中には分子量2万のタンパク質があって、それが人の体に入るとアレルギーを抑える働きをするということを発見しました。

免疫は、図1のようにマクロファージ、Tリンパ球（アレルギーの場合はヘルパー細胞＝Th2）、Bリンパ球の三つの細胞からなっています。例えばはしかのウイルスがくると、マクロファージが食べます。その情報がMHC Class ⅡとTCRでTリンパ球につながる。もう一つは、CD40という鍵穴と鍵穴がパチッとくっついて、はしかのウイルス情報がBリンパ球に伝わってBリンパ球がはしかに対するIgG抗体をつくります。

同じように、スギの花粉が入ってくるとマクロファージがそれを食べちゃう。その情報が

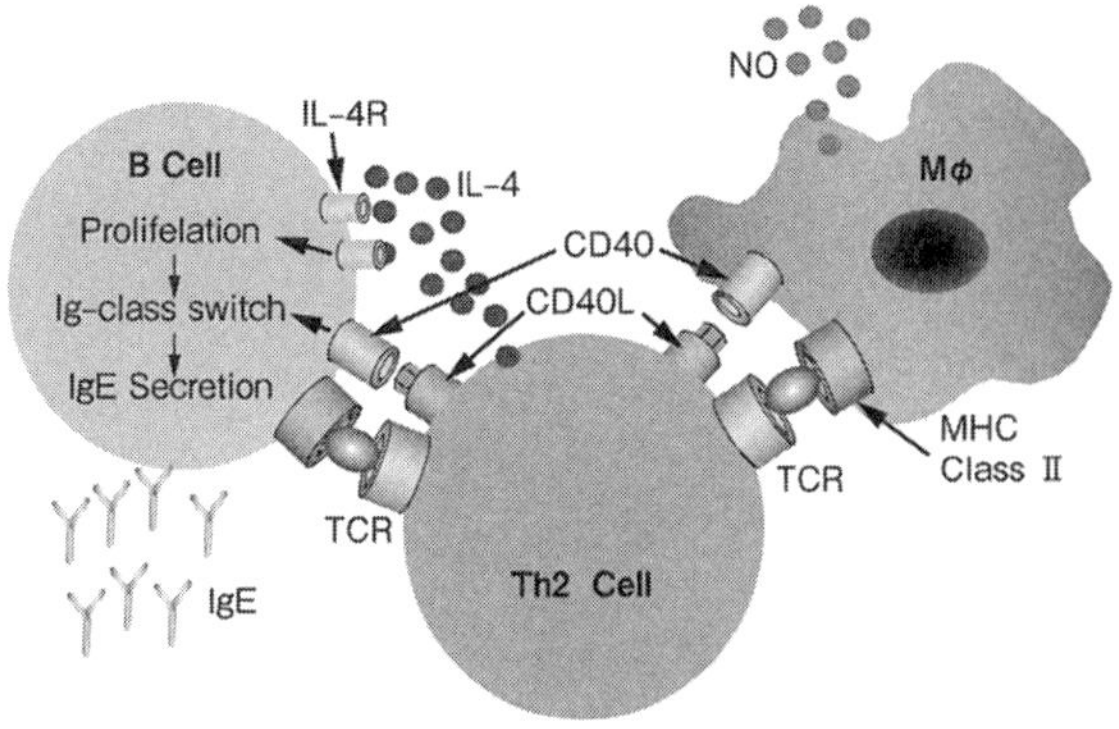

図１　免疫をつかさどる三つの細胞

Bリンパ球に伝わってBリンパ球がスギの花粉に対するIgE抗体をつくる。だから、花粉症になるのです。

ところが、私は花粉症にはなりません。お腹の中にサナダムシのキヨミちゃんがいるからです。

キヨミちゃんは今12mになっていて、私のお腹の中でウンチやおしっこを大量にばらまいています。分子量2万のタンパク質を、私のCD40という鍵穴に入れてしまう。するとスギ花粉を吸っても、その情報がブロックされて私のBリンパ球はスギ花粉の抗体をつくれない。だから私は花粉症にならないのです（図2）。

なぜキヨミちゃんはそんなことをするのでしょうか？

キヨミちゃんが入ってくると、マクロファージは

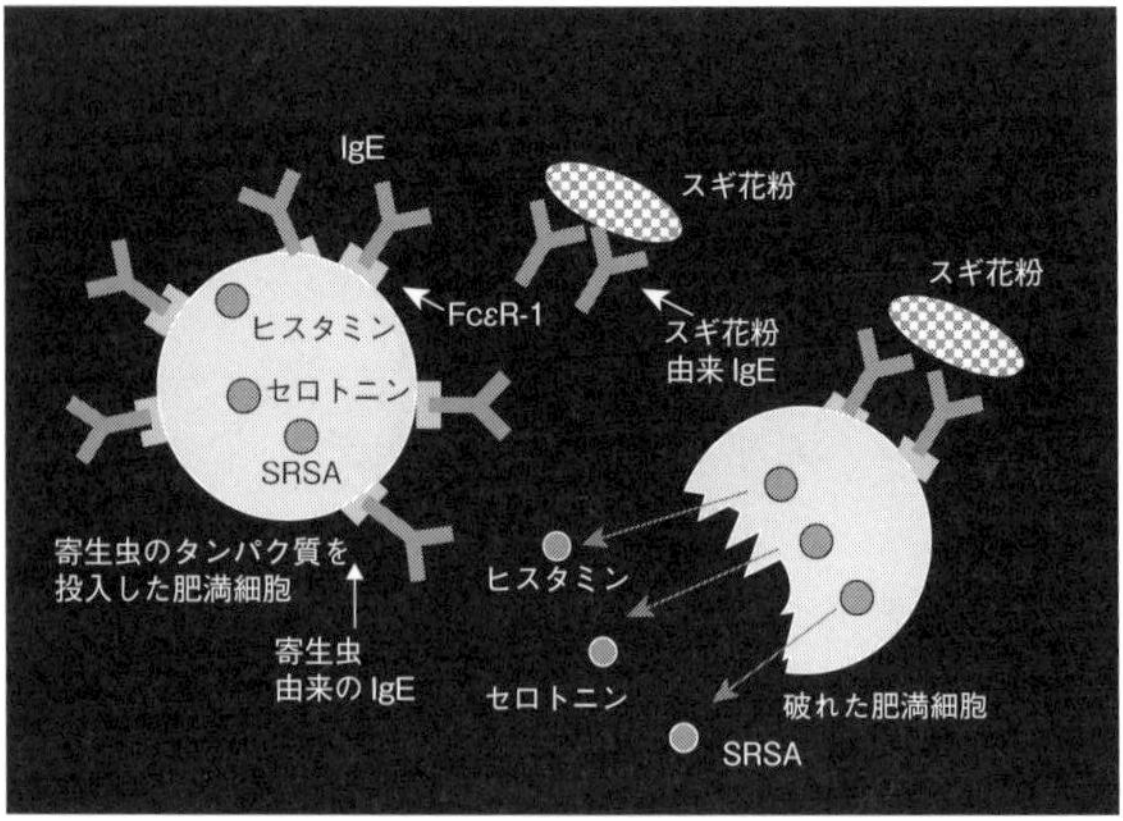

図２　アレルギー反応とは肥満細胞が破れた状態だが、寄生虫のタンパク質を投入すると肥満細胞が破れないようになる（提供：藤田紘一郎氏）

その情報をＢ細胞に伝えて、キヨミちゃんを排除する抗体をつくろうとする。ところが、キヨミちゃんは私のお腹の中で暮らしたい。そこで２万もの物質をばらまく。私はキヨミちゃんを排除する抗体をつくれず、キヨミちゃんはぬくぬくとお腹で成長する。それが、アレルギー反応を抑えることにつながっていたのです。

人と寄生虫の長い進化・共生の歴史の中で、人はサナダムシをお腹の中に入れてやろう、サナダムシは人のアレルギー反応を抑えてやろう、という共生関係になっていたのです。

ところが、この考えは日本の医学界でまったく受け入れられなかった。私は日本アレルギー学会で16年間、この説をしゃべりましたがまったく「無視」された。虫を研究していましたから「無視」されてもしかたないかもしれませんが（笑）。しかし、無視どころか変なウワサまで出た。「藤田ってちょっと頭おかしいんじゃないか？　いい年してサナダムシをお腹の中で飼って名前まで付けている」と……。

研究が認められない私は、医学部の教授を辞めてコメディアンになろうと思って『笑うカイチュウ〜寄生虫博士奮闘記』という本を書きました。超おもしろメディカルエッセイです。賞もいただきました（第11回講談社出版文化賞・科学出版賞）。皆さんもこの本、読まないと損でございます（笑）。

この本を書くことで、私の作戦は成功しました。一般の方々が興味を持ってくれた。回虫は気持ち悪いけど、アレルギー反応を抑えてくれるらしい、ということが少し広まったのです。テレビ番組に出て、日刊紙では連載までしました。すべてはこの本のおかげです。

世界初！　アトピーやぜん息を根本的に治す薬

長年虐げられていた私ですが、1冊の本がきっかけで元気になりましたから、ちょっといい研究をしようと思いました。

アレルギー反応とは、肥満細胞が破れた状態です（図2）。肥満細胞は、体のどこの粘膜にもあります。鼻の粘膜の肥満細胞が破れてヒスタミン、セロトニン、SRSAが出ると、くしゃみ、鼻水、鼻づまりが起こります。気管支の肥満細胞が破れると気管支が異常に収縮してぜん息に、皮下の肥満細胞が破れるとアトピーになります。

アトピーやぜん息にいったんかかると、皮下の肥満細胞が破れ続けます。それを治す薬は、出てきたヒスタミンを中和する抗ヒスタミン剤が主になります。したがって症状は抑えるけれど、なかなか治らないのです。

ところが、寄生虫の分子量2万のタンパク質を投入すると肥満細胞が破れないようになる。アトピーやぜん息を根本的に治すことができる薬を開発することにしました。

分子量2万の物質の遺伝子を組み換えて大腸菌の中に入れると、大腸菌はこれと同じものをつくってくれる。私はアトピーを根本的に治す薬を大量に手に入れたのです。

ネズミをアトピーにして、実験しました。私は、ネズミが餌を食べようとするときに尻尾《しっぽ》に電流を流すという嫌なことを1カ月続けました。私はこの結果を見て、「ああ、食べるって大事だな」と思いました。人間、この年になると地位とか名誉はいりません。お金はちょっと欲しいんですけど（笑）いつまでも元気でいたい。だから私は決めました。嫌な人とは

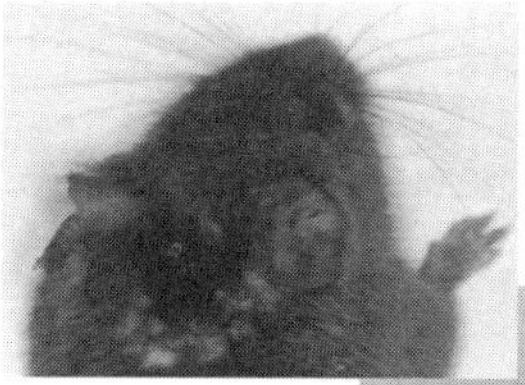

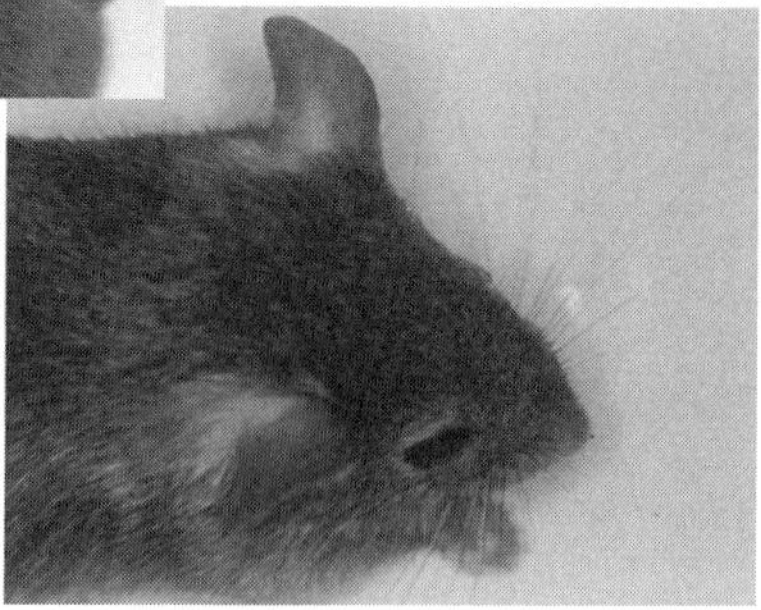

図3　寄生虫のタンパク質を活かして開発した薬で、アトピーだったネズミ（上）がたった1回の投薬できれいに治った（右）（提供：藤田紘一郎氏）

食事しないと。ですから女房とは食事しません（爆笑）。

さて、このネズミに遺伝子組み換えでつくった薬をたった1回投与しました。すると見てください、こうなりました（図3）。嬉しいですね。ここで黙ってもらっては困るわけです。世界的な発見の一瞬ですから（笑）。

私はこの物質の特許をアメリカで取りました。アメリカのベンチャー企業と共同で薬をつくったのです。こんなバカな研究をしていてよかったなあ、と思いました。やっとお金持ちになれるかなとか、ノーベル賞もらったときのために少し人格を変えなきゃなとも思いました（笑）。

ところが、この薬はダメでした。アトピーやぜん息は一発で治せますが、体の免疫のバラン

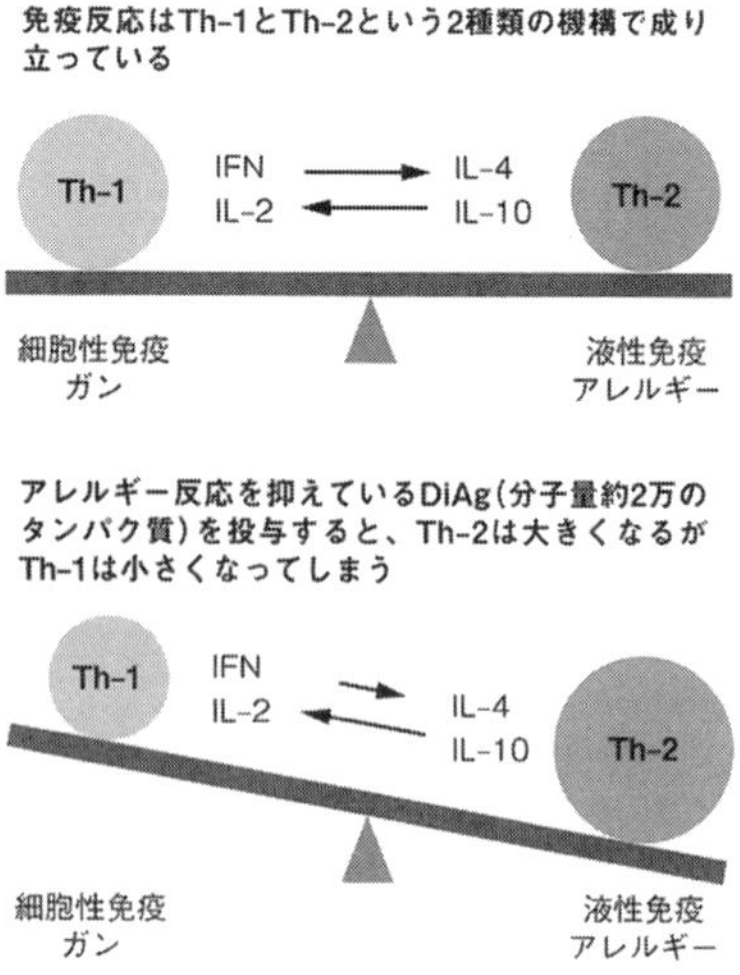

図４　Th-1とTh-2のバランス

スを崩して、ガンになりやすい体質になってしまうからです。

免疫は、Ｔｈ－１とＴｈ－２という２種類の機構で成り立っています。Ｔｈ－１がガンなどの細胞性免疫を司《つかさど》り、Ｔｈ－２がアレルギーを抑える液性免疫ですが、両者はシーソーのようにバランスをとっています。ところが私がつくった薬を投与すると、このバランスが崩れてしまう。Ｔｈ－２の液性免疫が大きくなるけれど、Ｔｈ－１の細胞性免疫が落ちてしまって、毎日出てくるガン細胞を見逃してしまうのです（図４）。

皆さんの体の中では毎日３０００個ものガン細胞が生まれていますが、ガンにならないのはＴｈ－１が見張っているからです。年を重ねるとガンになりやすいのは、Ｔｈ－１が小さくなって、出てくるガン細胞を見落としがちになるから。また、ファストフードや電子レンジでチンするだけの食品を食べてもTh-1は小さくなりますから、ガン細胞を見過ごしてしまうのです。

未来ある皆さんに一つアドバイスがあります。男性は40歳を過ぎてから離婚してはダメです。男性が40歳を過ぎてから離婚すると、離婚しない男性に比べて10年も早く死んでしまうという統計があります。

自然治癒力が人類を救う

ここまで聞いた皆さんは、私の研究が西洋医学の限界を示していることに気づいたでしょうか。

西洋医学では私は勝利者ですよ。アトピーを治す仕組みを発見して、薬を開発したのですから。しかし、最後の最後にどんでん返しが待っていました。アトピーは治したけれども、免疫のバランスを失ってガンになりやすい体質になるという……。

つまり、アレルギーやガンといった免疫にかかわる病気を治すには、東洋医学的な発想が必要なのです。西洋医学に毎年莫大《ばくだい》な予算がつぎこまれていても、アトピーやぜん息は増え続け、ガンも防ぐことができない。

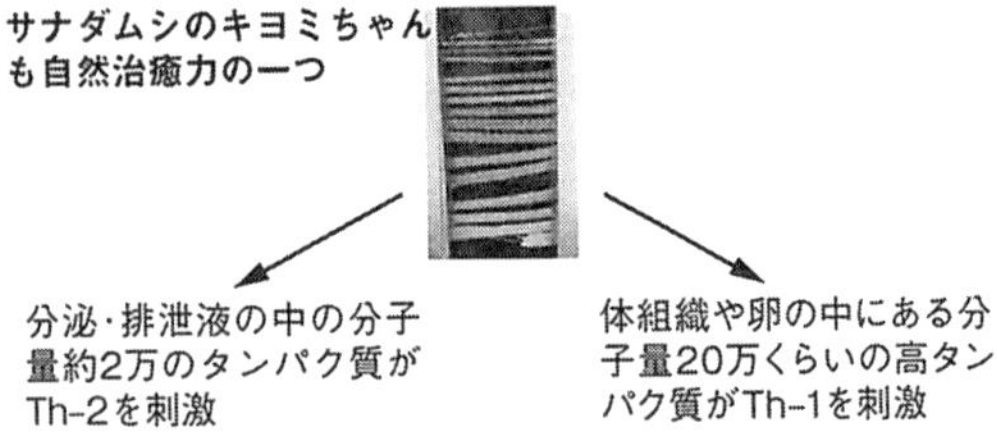
サナダムシのキヨミちゃん
も自然治癒力の一つ
分泌・排泄液の中の分子
量約2万のタンパク質が
Th-2を刺激
体組織や卵の中にある分
子量20万くらいの高タン
パク質がTh-1を刺激

図５　サナダムシの治癒機能

東洋医学的な発想の中心は「自然治癒力」です。ワクチン、抗生物質が発見されてまだ１００年足らずですが、私たちはこの地球上で38億年生きてきました。それを支えていたのは、自然の中からもらってきた力なんです。しかし現代の医学は自然治癒力を損ねる方向に動いています。

私のお腹の中にいるサナダムシのキヨミちゃんも自然治癒力の一つです。図５はサナダムシのキヨミちゃんです。

キヨミちゃんは、元気のいい時は1日に20cmも伸びるし、卵を1日に２００万個も産むのです。ですからキヨミちゃんは、私が元気でおいしいものをパクパク食べてほしいからＴｈ－２を刺激して、私がぜん息にならないようにしている。さらに、私がガンにならないようＴｈ－１も刺激しているのです。私は、キヨミちゃんの体からＴｈ－２を刺激する物質だけを取り出して薬にしたので免疫のバランスが崩れた。けれども、キヨミちゃんはＴｈ－１もＴｈ－２も刺激してくれます。

なぜなら、キヨミちゃんが子どもを産めるのは人の体だけ。だから人の体を大事にします。同様に、私たちの体の中にいるいろいろなばい菌も、私たちの体を守ってくれます。

ただし、微生物の世界には縄張りがあって、寄生虫やばい菌は宿主となる動物の体は守るけれど、宿主ではないほかの動物の体の中に入るととんでもないことが起こります。エボラ出血熱ウイルスは人にとっては怖いウイルスですが、アフリカのジャングルの中にいるミドリザルや食用コウモリを昔から宿主としてきました。北海道ではやっているエキノコックスという寄生虫病も、宿主であるキタキツネは守りますが、人間の体に入ると恐ろしいことになります。鳥インフルエンザウイルスも昔から水鳥の中にいましたが、カモとは仲よくやっていた。ところがニワトリに入るとニワトリは全滅、人間に入るとやはり大変なことになります。

多くの人たちは、寄生虫、ウイルスはすべて悪いと思いこんでいますが、私たちを守っている存在も多いのです。それがなかなか伝わりません。私は回虫がアレルギーを抑える研究をしていますが、近年では結核をはじめとする細菌感染もアレルギーを抑えるというデータが出てきました。

現代は菌をいじめる「きれい社会」

ちまたには抗菌、除菌、消臭という付加価値を重視した製品が出回っています。しかし私たちの皮膚には10種類以上の皮膚常在菌という菌がいます。それを抗菌グッズが攻撃しています。体にいいわけありません。しかし、菌を排除する「きれい社会」が現代なのです。

洗えばきれいになる、と考えるのは間違いです。洗いすぎると汚くなります。皮膚常在菌がいるからきれいなのに、洗い流して皮脂をとって、角質層がバラバラになって皮膚が乾燥し、ドライスキンからアトピーになってしまう。

今、若い女性の間で膣炎《ちつえん》が増えていますね。女性の膣の中には、デーデルライン乳酸菌という菌がいて膣のグリコーゲンを食べて乳酸をつくり、膣を強い酸性に保っています。それなのに「洗えばきれいになる」とばかりにトイレに行くたびにビデで洗い流す。よってデーデルライン乳酸菌が流れてしまい、膣内が酸性から中性になり、雑菌が増えて膣炎になってしまうのです。

腸の中には3万種類、1000兆個の腸内細菌がいます。日本人は、腸内細菌だけは善玉と悪玉とに分けますね。ビフィズス菌や乳酸菌を善玉としてかわいがりますが、大腸菌は悪玉として抗生物質や殺菌剤で徹底的にいじめる。けれども大腸菌も生き物ですから、いじめ

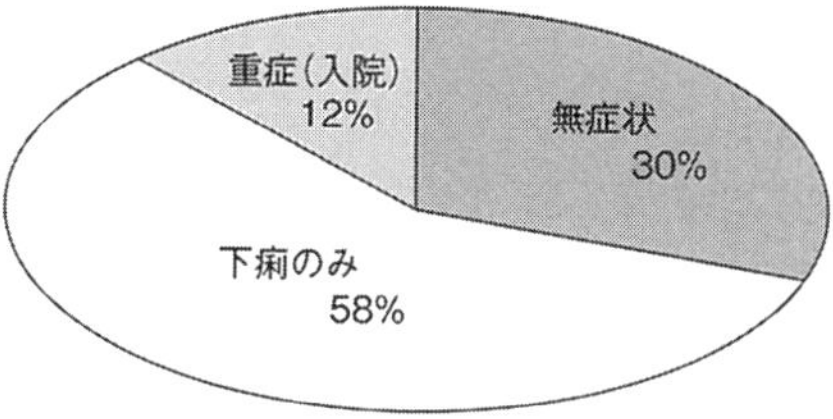

（東京医科大・中村明子教授調べ）

図６　O-157感染者の症状（同じ給食を食べた子ども）

に対抗して２００種類くらいの大腸菌を生み出しました。１５７番目に出現したのが「Ｏ－１５７」です。

　Ｏ－１５７は、実はとても弱いのです。ばい菌は１００のエネルギーを持って生まれますが、Ｏ－１５７は１００のエネルギーのうち70くらいを毒素の産生に使うので、生きる力は30くらいしかない。ですから、ほかの雑菌がきたら一発で殺されてしまう弱い菌なのです。

　Ｏ－１５７の感染はどこで起きましたか？　世界一きれいなはずの学校の給食室です。殺菌した環境ならば、Ｏ－１５７も生き延びることができます。Ｏ－１５７の運び屋として選ばれたのは、無菌状態で育てられたカイワレ大根。土に生えている大根では運び屋にはなりません。また、Ｏ－１５７を飲み込んだらみんな下痢をするわけではありません。大腸菌をきちんと体内で飼っている人は大丈夫です。図６のグラフを見てください。無症状の人が30％もいます。

けれども、今は大腸菌をお腹の中に飼っている人が少なくなっています。それを調べるにはウンチを研究しないとわからない。O-157が流行したときに堺《さかい》市の小学生のウンチを調べました。O-157が体内に入っても下痢をしない子もいれば、重症化する子もいる。O-157によって下痢を繰り返す子どもはとても神経質でした。そしてすべての子どもが一戸建てに住んでいて、しかも長男が多い。そのお母さんたちは、落ちたものを拾って子どもが食べようとするとしかりつけるような神経質な親でした。それに対して、下痢をしない子たちは「きったない子」でした（笑）。

私にとって「汚い」は尊敬語です。なぜかというと、私たちの体を構成している細胞は1万年前からまったく変わっていません。生物が誕生してからの38億年という時間から見れば、1万年なんてほんの瞬きするくらいの時間です。

1万年前、男性は狩りをしていました。ですから男性の脳は立体が読めるようになっている。女性は家事をしていました。ですから女性の脳は平面が読める。それは今も同じなのです。1万年前はジャングルや草原だった地球を、こんなに快適な環境に変えてきましたが、豚もネズミも今の環境がいいとは思っていないでしょう。しかし、人間は文明や文化がいいと思っていますから、私たちはさらにきれいで清潔な社会をつくろうとするでしょう。そこに落とし穴があるのです。

私は「きれい社会の落とし穴」と名付けましたが、私たちの細胞や免疫システムは1万年前と変わらない。だから、この文明社会の中でも1万年前と同じ行動をしなくてはいけないのです。子どもはきれいな部屋でコンピュータゲームをしちゃダメです、どろんこ遊びをしなくては。そういう意味で「汚い」は尊敬語なのです。

先日、アトピーになった赤ちゃんのウンチをもらいましたが、とても貧弱でした。驚くことに、40%の赤ちゃんのウンチには大腸菌が1匹もいなかった。これは、赤ちゃんが生き物として育っていないことを示しています。赤ちゃんは無菌で生まれますが、地球上に生まれたとたんに大腸菌が増えるはず。それが1匹もいない。その子はとてもひどいアトピーです。

本来人間を守っている菌まで追い出して、病気になる。追い出すのはいろいろな化学物質で、それがまた地球も汚染している。今のような「歪《ゆが》んだ清潔はビョーキだ」と私は警告し続けています。

細胞に悪さをする活性酸素

次に、免疫を高める具体的な方法をお話しします。免疫の70%は腸内細菌がつくっていま

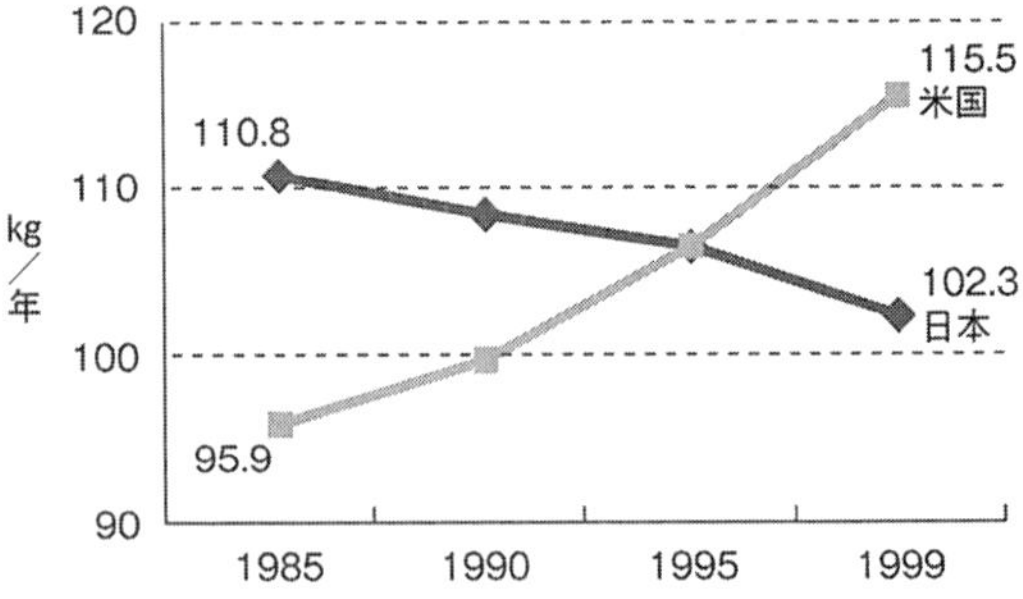

図７　１人当たりの野菜消費量

す。ですから、腸内細菌を殺してしまう殺菌剤や防腐剤、抗生物質の使用は極力避けるべきです。野菜や豆類、穀物、果物などの「手づくり」の食べ物は腸内細菌の餌になりますからたくさん摂りましょう。納豆や味噌、ヨーグルトなどの発酵食品も積極的に食べて、ばい菌をお腹に入れます。

　文明社会で最も大切なものは「抗酸化力」です。文明が高度になればなるほど「活性酸素」が大量に出てきます。電車に乗るときなどに使うＩＣカードはとても便利ですが、改札を通るたびに電磁波を浴びることになります。すると体に細胞をさびさせる活性酸素が出て、細胞をガン化、老化させるのです。

　抗酸化力を高めるためには、色の付いた野菜や果物が有効です。ドイツ人やイギリス人に比べてフランス人が脳梗《のうこう》塞《そく》や心筋《しんきん》梗塞になりにくいのは、赤ワインを好んで飲んでいるからです。赤ワインの中にあるポリフェノールという物質が活性酸素を抑えるのです。

私たちは善玉コレステロールと悪玉コレステロールに分けますが、悪玉コレステロールは活性酸素と結びつくから悪玉になる。従って活性酸素を抑えれば悪玉にはならないわけです。

1990年代から、アメリカでは食生活を改善するために1日に5種類の色の付いた野菜や果物を食べることを推奨する「5 A DAY(ファイブ・ア・デイ)運動」を展開していますが、その結果、日本とは逆に、アメリカの野菜の消費量は増加しています(図7)。アメリカは世界に先駆けてすべてのガンの発生率が低下しています。食べものによって、ガンの発生率を抑えることができるのです。同様に、肉類やインスタント・半加工品、洋食、間食が増えた食生活の変化が、アレルギーの疾病率を高めています。

笑った顔をするだけで免疫は高まる

免疫の70%は腸内細菌が司りますが、残りの30%は「心」が決めます。

「病は気から」という言葉がありますが、これが学問的に立証されてきました。ストレスが加わると免疫は落ちます。逆に楽しいときは免疫が上がるのです。心の動きは、感情の変化が先で、それが間脳に伝わります。間脳は活発に活動し、情報伝達物質であるPOMC(プロオピオメラノコルチン）というタンパク質をつくり出します。それは、楽しいときは善玉ペプチドに変わるし、悲しいときは悪玉ペプチドに変わります。ですから、気持ちの問題はとても大事なのです。

皆さんの体の中で毎日数千個のガン細胞が生まれていることは先ほどお話ししましたが、NK細胞がガン細胞を殺しているからガンになりません。NK細胞の活性を高めるのは簡単です。笑えばいいのです。脳の研究で有名な東京大学大学院の池谷裕二《いけがやゆうじ》教授は「笑うと免疫が上がる」という研究をしています。実は、笑わなくても笑った顔をするだけで脳が間違えてNK細胞を出すことがわかりました。だから皆さん、私の話がおもしろくなくても、笑った顔をしてほしいと思います（笑）。

私は1日に1回、大声で笑うことを推奨しています。笑うとNK細胞が活性化するからです。東京医科歯科大学の喉頭《こうとう》ガンの患者さんを集めて、「藤田のダジャレを聞く会」を開いていますが、私のダジャレを「おもしろい」と言ってくれる方はほとんど再発しません。「おもしろくねえよ」と言う方の再発率は50％です。

笑うことは自己免疫疾患にも効果があります。私の友人で関節リウマチ研究の大家である日本医科大学の吉野《よしの》槇一《しんいち》名誉教授は、関節リウマチの患者さんを、関節リウマチに効く薬を飲んでもらうグループと、落語家の林家木久扇《はやしやきくおう》師匠の落語を1時間聞いてもらうグループに分けて実験しました。血液検査の結果、落語を聞いたグループのほうが数値が改善していました。これには私も驚きました。そこで、次に落語を3時間聞いてもらったところ、数値は逆に落ちてしまいました。いいことでもほどほどにすべきなんですね。

免疫に最も悪影響を及ぼすのはストレスです。嫌な世の中になって嫌な人も多いけれど、いいほうに考えましょう。イメージトレーニングも有効です。例えば、今は沖縄の珊瑚礁《さんごしょう》にいる、と思ってください。沖縄の海に行ったつもりで、熱帯魚きれいですね、と言うだけでも免疫は高まります。なんでもいいほうに考えることも大切です。

皆さんもいろいろなことがあるでしょう。けれど、免疫を高める力の30％を心が占めていることを忘れずに。常に前向きで、負けるもんかと思う気持ちを持ち続けてください。

ばい菌との共生でつくられた私たち

免疫の低下もさることながら、私がもっと恐れていることがあります。若者の感性や情熱が萎縮《いしゅく》してしまうことです。

ばい菌を汚いものと考えて避けているので免疫が落ちている。さらにそれを起因として精

40年前に藤田教授が暮らしたカリマンタン島の家

神的に非常に弱い若者が増えています。若者の異常な行動が目立っていますが、この「きれい社会」のせいなのではないか。生き物が見えない社会では心が不安定になるため、若者の生きる力も弱くなっているようです。

もう一度カリマンタン島の写真を見てください。最初に住んだ家が写真中央の建物です。トイレは川の上にあって、用を足そうとすると魚がぴょんぴょん飛び上がってくるので、私も噛《か》みつかれないようにぴょんぴょん飛び上がって用を足す、そんなところでしたが、ここの人たちと今の日本人と、どちらが野蛮なのかと考え込んでしまいます。

カリマンタン島では変な事件は1回も起きていません。泥棒はいますよ。私が2週間前に行ったとき、すばらしい泥棒に会いました。私の靴が片方だけ盗まれましたが、すぐ目の前で売っている！　「オレが今ここで脱いだ靴だろう。返せ」というと「いや、拾ったんだ」と言い張る。片足だけ靴を履いているわけにもいかず、しかたなく自分でお金を出して買い戻しました（笑）。

しかし、変な事件は起きていません。死体をバラバラにしたり、誰でもいいから殺したかった、などという事件はありません。どちらが野蛮なのでしょう？

インドのガンジス川には、ウンチだけでなく、人や動物の死体が流れています。そこに大勢の人が押しかけ、口をすすぎ、沐浴《もくよく》する。そういう人々が地球上にいることを、覚えておいてください。

私たちの細胞は、ばい菌との共生によってつくられてきました。最初は原核細胞でしたが、地球に酸素が増えてきた。そこで進化するために、我々の先輩の細胞は、好気的な細菌を取り入れました。これがミトコンドリアです。私たちはミトコンドリア、もともとばい菌です。だから私たちはばい菌を駆逐しては生きられないのです。

スギ花粉症の第1例目は1963年です。花粉症、アトピー、ぜん息はすべて1965年から出現しています。対して、縄文時代から1965年まで、日本人の10人に6人が回虫持ちでした。回虫は気持ち悪い虫だ、と放り出し、感染率が5%を割った頃からアトピー、ぜ

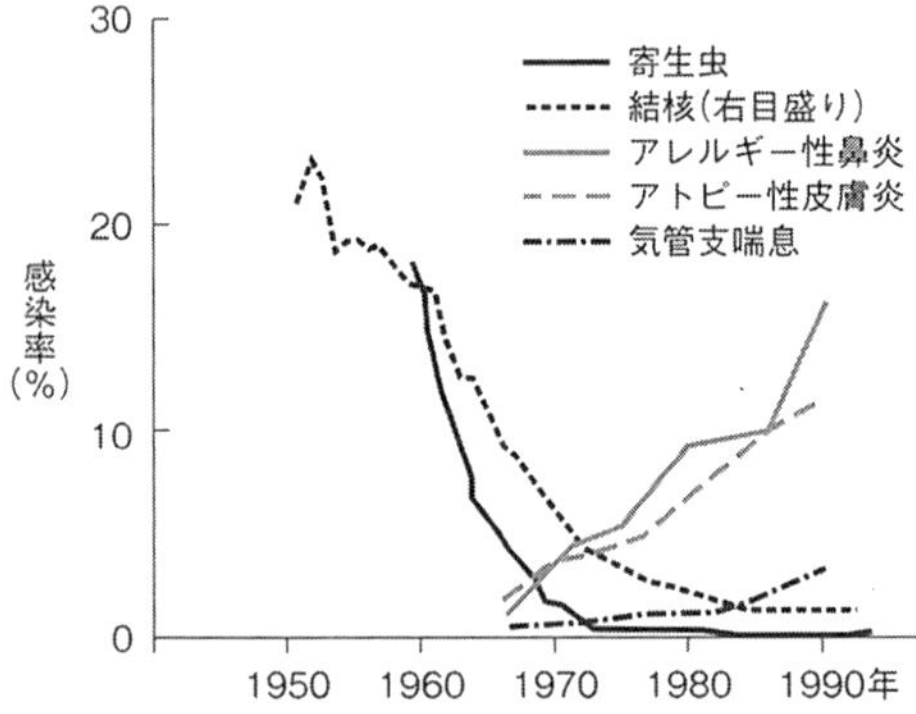

図８　日本のアレルギー性疾患感染率

ん息、花粉症が出てきたのです（図８）。

私は「山川草木国土悉皆成仏《さんせんそうもくこくどしつかいじょうぶつ》」という言葉が大好きです。もともとは仏教の言葉で、山も川も草も木もすべて成仏する、生きているものは皆意味がある、という日本人が古来持っていたすばらしい自然観です。日本人は、世界で最も生き物に対して優しい民族だったと言っても過言ではありません。

ところが最近は「自分さえよければいい」となってしまった。人間中心の考え方がアレルギーを生み、そして若者の心を蝕《むしば》んでいるのではないでしょうか。

私は、寄生虫や細菌を仏様に見たてて研究を続けていきます。皆さんも、今の「きれい社会」がほんとうに正しいかどうかを考えてください。

◎若い人たちへの読書案内

私が高校時代に読んでとても感動した本に**本多勝一**さんが書いた『**極限の民族**』（朝日新聞社）があります。この本は本多さんがニューギニアの高地民族や中東の遊牧民族など世界の極限で生きている民族を訪れて生活を共にした、文字通り身体を張って取材した貴重な記録でした。当時の若かった私は、本多さんの行動力と勇気に触発され、将来私もこのような調査や研究をしたいと思ったのでした。

私たちの作った現代文明は、より便利に、より快適に、より清潔にというような合理性と功利性を追求してきました。しかし、「便利・快適・清潔」だけを一方的に求め、ひたすら経済効率のみを追求する社会では、人は正常な生き方ができないと私は思っています。そのことを気づかせてくれ、実際に私自身がそのことを確かめるために、ニューギニアの高地民族やインドネシアのダヤック族、イラクの遊牧民などを訪れるきっかけを作ってくれたのが、この本だったのです。

もう1冊、私が感銘を受けた本があります。**星新一**さんの『**未来いそっぷ**』（新潮文庫）というファンタジーです。星さんは「ショート・ショート」という分野を開拓し、1001編を超す作品を生み出したSF作家の第一人者です。この本では、語り継がれた寓話《ぐうわ》などを、楽しい笑いで別世界へ案内する33編のショート・ショートで紹介しています。

しかし、よく読んでみると、たんなる楽しい笑いではありませんでした。たとえば「たそがれ」の章では、朝起きてみると森羅万象、世のすべての自然や物品が疲れ果ててしまっていました。あまりに長い長い間、人間たちに使われ、人間たちに奉仕し続けてきた結果、その疲れが一度に出て、死んでしまったのです。しかし、人間だけは健在でした。人間以外のすべては、人間による酷使に耐えかね、老衰状態になってしまったのですが、人間だけは元気だったという内容でした。

星さんは、こんな話を淡々と語っていますが、私は自分たちの利益追求のみを求めている現代社会の将来の姿を思いやって、深く考え込んでしまいました。

この2冊の本は「便利・快適・清潔」だけを一方的に求め、経済効率のみを追求するだけの現代社会にどっぷり浸かっている日本の若者にはなかなか気づかないことを私たちに教えてくれます。

私はこの2冊を感受性豊かな中学・高校の時に是非読んで欲しいと思います。私たちが良かれと思って作り上げた「文明」に規制されながら進化すると、いつのまにか立場が逆転し、その文明に飼いならされた状態になるのです。そのことに少しでも気がついて欲しいという思いを込めて、この2冊を推薦したいと思います。

生命《いのち》を考えるキーワード
それは〝動的平衡〟

福岡伸一

ふくおか・しんいち

１９５９年東京都生まれ。京都大学卒業。ハーバード大学医学部博士研究員、京都大学助教授などを経て、青山学院大学教授。分子生物学専攻。研究の傍ら、一般向けの著作や翻訳も多く手がける。２００６年、第１回科学ジャーナリスト賞受賞。著書に『プリオン説はほんとうか？』『ロハスの思考』『動的平衡』『できそこないの男たち』『ルリボシカミキリの青』など多数。『生物と無生物のあいだ』で２００７年サントリー学芸賞を受賞。

昆虫少年が遺伝子ハンターに

生物学にはいろいろなテーマがある。私の専門は分子生物学という分野だ。私は少年の頃は昆虫に夢中だった。当時の憧《あこが》れの虫は「ルリボシカミキリ」。非常に鮮やかな色の美しい虫だ。どうしても手に入れたくて、いろいろなところに行ったが、結局採集することはできなかった。そのうち、ただの虫ではなく、だれも知らない新種の虫を見つけて、名前を付けられたらどんなにいいだろうと思うようになった。しかし、普通の虫でもなかなか捕まえられないのに、新種なんて見つけられっこないわけで、昆虫少年の夢はついえてしまった。

それでも将来はファーブルのように、昆虫と遊びながら人生を送られたらと思い、大学では生物学を専攻した。それはもう30年ほど前の話だが、ただ昆虫を眺めていればいいという生物学なんて既にそこにはなかった。時代に合っていなかったのだ。昆虫少年としてはがっかりしたが、ちょうどその頃、アメリカから新しい生物学がやってきた。それが、分子生物学だった。いろいろな生物を個体ではなくミクロのレベルで捉《とら》えて生命現象を考えるという学問だ。

どんな生物も、細胞から成り立っている。細胞の森の中は未知の世界で、さまざまな種類

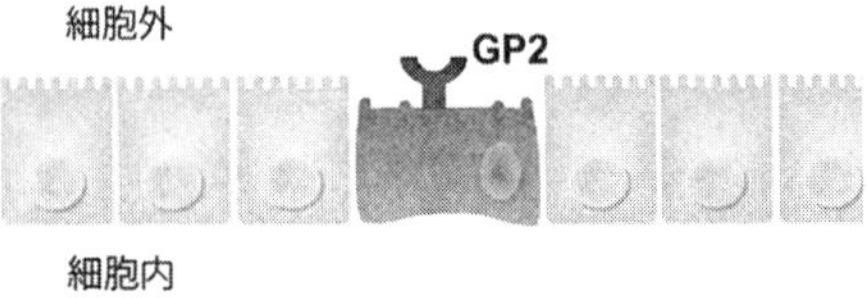

図１　GP2の模式図

のタンパク質や遺伝子があり、だれにも知られていない物質もたくさんあった。私は、新種の虫を探す夢はあきらめたが、新種の遺伝子を捕まえるという仕事を進めていった。昆虫少年が遺伝子ハンターへと肩書きを変えたわけだ。

　そうして私は、いくつか新種の遺伝子を捕まえて、それが一体どんな役割を持っているのかを調べ始めた。その中の一つ、「ＧＰ２」について紹介する。そもそも「遺伝子を捕まえる」ということは、その遺伝子の産物であるタンパク質を捕まえた、ということと考えてよい。ＧＰ２というタンパク質は糖タンパク（グリコプロテイン、glycoprotein）という種類で、細胞の膜から外向きに突き出ているものだった（図1）。いろいろ調べていくうちに、ＧＰ２は生物にとってとても大事な役割を持っているに違いないとわかったので、ある手法を使ってＧＰ２の役割を調べることにした。

体中から部品を一つとり除く

ある手法とは、実験動物のマウスからGP2の遺伝子をとり除く、というもの。このマウスを「GP2ノックアウトマウス」という。ノックアウトとは少々乱暴な言葉だが、その情報を消去する、といった意味合いだ。

細胞の中にはDNAという物質があり、いろいろな遺伝子、つまり体の設計図が書きこまれている。DNAからGP2の遺伝子を、ミクロの外科手術のような方法を使って切りとり、残りをつなぎ合わせて、細胞に戻して受精卵に入れ、マウスを誕生させる。つまり、GP2ノックアウトマウスは、体中の細胞でGP2の遺伝子の情報だけが消去されてしまっている。ごく簡単に言えば、すべての細胞で生命の部品のうち一つだけ足りない、ということだ。

私は、非常に長い年月をかけ、多大な研究費を投与してGP2ノックアウトマウスをつくり、生まれてくるのを今か今かと待っていた。GP2は生命にとってとても重要な遺伝子だと目論《もくろ》んでいたので、GP2ノックアウトマウスには、何かとんでもない病気になったり異常な行動を示したり、あるいは寿命が短くなったり子孫がつくれなくなったりと、重大な異変が起こるに違いない。そして、「その異変が起こるのは、とりもなおさずGP2遺伝子を持っていないからだ」と論理づけることができる。

待望のGP2ノックアウトマウスが生まれてきた（写真）。ところが、予想に反して、すぐ

GP2というタンパク質の遺伝子を除去したGP2ノックアウトマウス（提供：福岡伸一氏）。すくすくと育つその姿は、生命の柔軟で巧妙な仕組みを教えてくれる

すくと育っていった。飼育ケースの中をくるくると走り回り、すこぶる元気だ。何か異常が隠されているはずだと、私たちはやっきになって調べた。でも行動はまったくおかしくないし、健康状態も問題なし。細胞や血液などをくまなく調べても、変わったところが見つからない。そしてそのマウスは2年ほどのマウスの寿命を全うした。その間、子孫はどんどん生まれてきて、その子どもたちも健康だった。生命の大切な部品が欠けているにもかかわらず、マウスたちはぴんぴんしているのだった。

こんなことは、機械なら考えられない。ノックアウトマウスをつくるということは、例えばテレビの裏側を開けて、何か部品をとり除いてテレビがどうなるか確かめるようなものだ。色が変わったり、音声が消えてしまったりするだろう。だからとり除いた部品は、ある色にかかわる機能や、音声を出すために必要なものなのだ、と言うことができる。しかし実験では予測したようにはならなかった。私は、研究の大きな壁にぶち当たってしまった。

ある研究者が見た生命

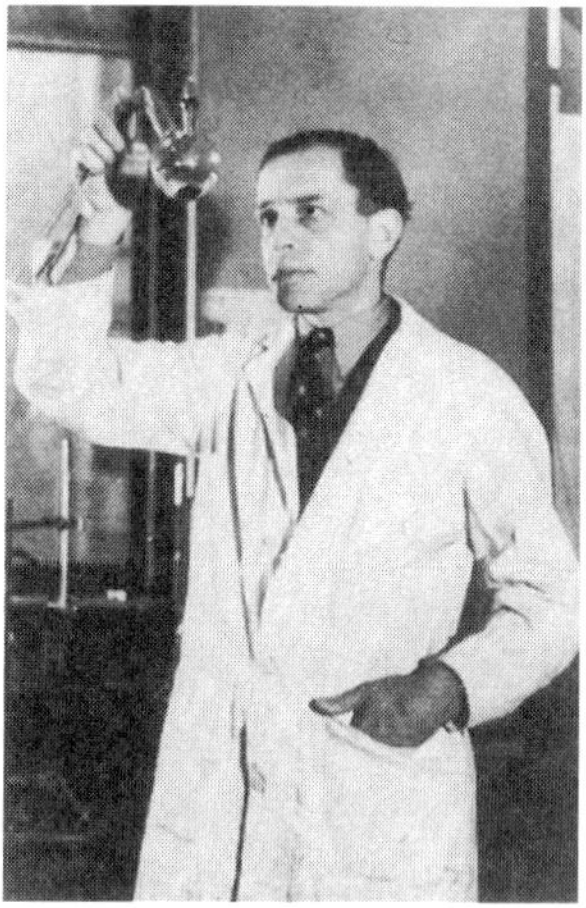

ルドルフ・シェーンハイマー
『動的平衡』（木楽舎）

そんなとき、私はある研究者のことを思い出した。ルドルフ・シェーンハイマーという名で、今から70年ほど前の人だ。皆さんの教科書をいくら調べても彼の名前はたぶん載っていない。

シェーンハイマーは、1898年にドイツで生まれた。ユダヤ人だった彼はナチスから逃れてアメリカに亡命した。当初は英語もろくに話せなかったらしいが、なんとか研究を続け、それはある成果に結びついた。ところが40歳を過ぎた頃、謎《なぞ》の自殺を遂げて死んでしまった。

彼の存在は、生物学の世界では完全に忘れ去られてしまっている。シェーンハイマーの発見と同じ頃、DNAが遺伝物質の担い手であるという、分子生物学の幕開けとなった発見に注目が集まっていた。彼の研究は、その陰に隠れてしまったのだ。しかし私は、彼の業績こそが20世紀最高の発見だったと言えると思う。それは、ノーベル賞のような栄誉を受けたということではない。当時の生命の考え方に革命をもたらしたからだ。

シェーンハイマーは、何を発見したのだろうか。当時の生命観は、ある種の機械論的な見方が主流だった。生命現象は非常に精妙で神秘的に見えるが、結局生命とは、ミクロな部品が寄り集まった機械仕掛けなのだと、多くの科学者は考えるようになっていた。

例えば、なぜ生物はものを食べねばならないか。機械論的に説明するなら「生命体は自動車と同じだから」となる。自動車は、エネルギー源であるガソリンでエンジンを回すことで走り、燃えかすは排気ガスとして捨てる。体も同じように、食べ物をエネルギー源として体の中で燃焼させて、力や熱を生み出し、燃えかすは二酸化炭素や排泄物《はいせつぶつ》として外に出される。生命はエネルギーを生み出す仕組みを持った機械である、と捉えられていた。

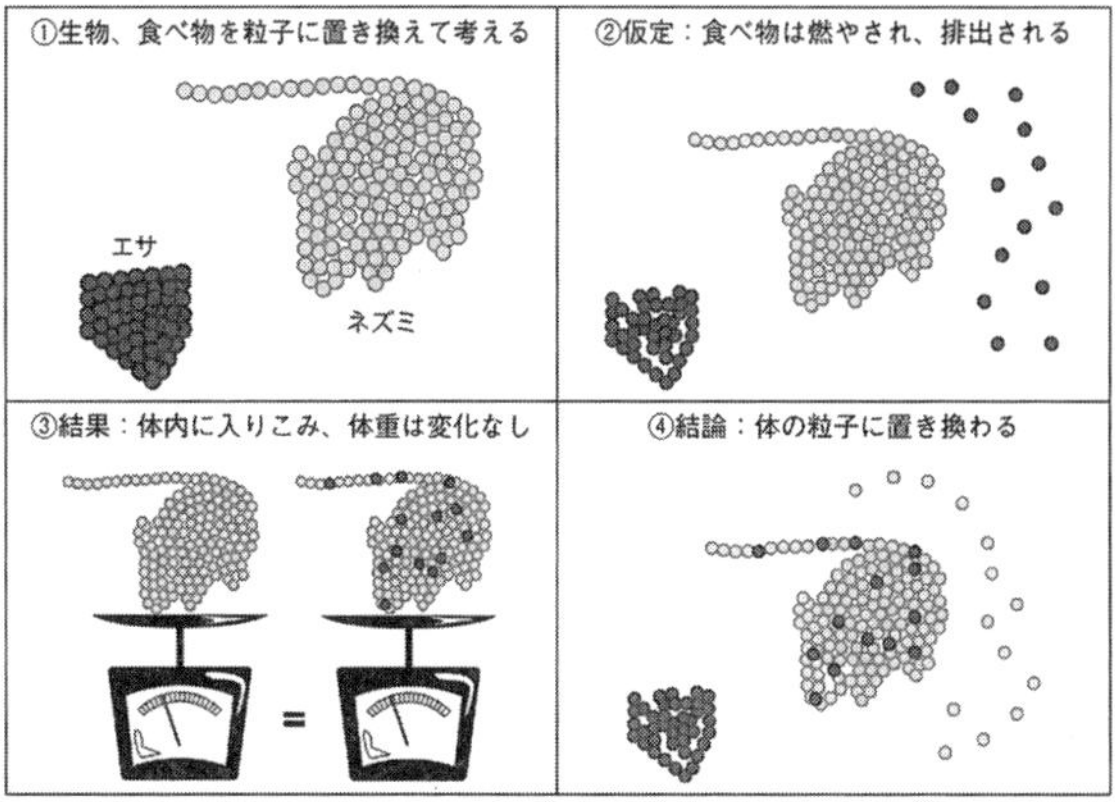

図２　シェーンハイマーの実験

シェーンハイマーは、「生きている」とはどういうことなのかをミクロのレベルで確かめるべく、実験を進めていた（図２）。本当に食べ物が体の中で燃焼されているのかを、調べようとしたのだ。

生物の体は細胞から成り立っていて、細胞はタンパク質などの分子からできている。さらに分子は、炭素や水素、窒素といった元素でできている。だから生物の体は、ミクロのレベルでは粒子の集まりだと見なすことができる。食べ物も、野菜にしろ肉にしろ、もともとは他の生物の体の一部だから、これもまた粒子の塊だ。当時の機械論的生命観によれば、食べ物はエネルギー源で、燃やされる代わりにエネルギーが得られる。だからネズミが食べたエサは体内ですぐに燃焼されるだろうと考えられた。

エサの粒子が体内に入ると体の粒子と混じって見分けがつかなくなってしまうが、ちょうどその頃、原子をその同位体（アイソトープ）でマーキングするという技術が開発されていた。エサの粒子に消えないマーカーペンで色づけするようなもの、と考えればよい。マーキングしても味や匂《にお》いや栄養価は変わらず、ネズミも区別できない。だから、エサの粒子が体のどこへどう行くのか、追跡することができるというわけだ。シェーンハイマーはこれを用いた。

さて、結果はどうなったか。予想に反して、エサの半分以上の粒子はすぐに燃やされることなく、しっぽから骨まであらゆるところに入りこみ、そのまま体の一部になってしまったのだ。また、新しい粒子が加わったのだから体重が増えたと考えるのが自然だが、エサを食べたネズミの体重は元の体重から少しも変わらなかった。

新しくなる私と変わらない私

ネズミは確かにエサを食べ、その粒子は体の一部になった。しかしネズミの体重は増えたわけではない。実験の結果から、シェーンハイマーは、もともとネズミの体を構成していた粒子がエサの粒子に置き換わって、体の外へ出て行った、と考えた。

今では、シェーンハイマーの考えが正しいとわかっている。皆さんの実感として、爪《つめ》や髪の毛はどんどん伸びていくから理解できるだろう。実は、歯や骨のような硬いものも、実感はできないが中身は入れ替わっている。心臓や脳といった、一生の間分裂しないと言われている細胞も、その中身はどんどん新しくなっている。血液の細胞も、2〜3カ月ですべて入れ替わる。特に速いのは口や消化管の細胞で、2〜3日ですっかり新しい物質に置き換わっている。体のあらゆる部分は、日々変化し更新されている。そしてそれは、とりもなおさず食べ物を構成していた粒子から成り立っている。体をつくっているありとあらゆる粒子は、食べ物の粒子と、常に、しかもものすごい速度で入れ替わっているのだ。

だから、半年ぶりに会った人に「やあやあこんにちは、久し振りです。全然お変わりありませんね」などとあいさつするけれど、実は物質のレベルで見ると、今の私たちは半年前の私たちとは同一ではなく、違う粒子に置き換わっている。「まったくお変わりありまくり」なのだ。

不思議なのは、それでもネズミはネズミ、私は私という生物としての同一性が失われはしないことだ。これが実は、生命現象の最も大事な性質である。

シェーンハイマーの行った実験は、いわば川にインクを流したようなものだ。川がある、とふだん私たちは言うが、川の実体があるわけではないし、同じ水は二度とは流れない。インクを流して初めて水の流れが目に見えるようになる。生命も同じことだ。彼は粒子に印をつけて、ネズミの体には絶えず元素が流れていることを確かめた。そして、ネズミのかたちをしたものは確かにそこにあるが、それは物質の流れに過ぎないことを発見する。生命とは常にダイナミックに流れているもので、機械と見なすことはできない、と彼は主張した。

生命は、絶え間なく少しずつ入れ替わりながら、しかし全体としては統一を保っている。シェーンハイマーは、これが「生きている」ことの最も大切な側面だ、と考えた。彼の言葉によれば、生命とは「dynamic state」にある、ということ。私はこれに「動的平衡」という訳を当てた。絶え間なく動き、少しずつ入れ替わり変化し、しかも平衡状態、つまりバランスが保たれている。この状態にあるのが、生命というものだ。

細胞のコミュニケーションで成り立つ体

動的平衡の定義は「それを構成する要素は、絶え間なく消長、交換、変化しているにもかかわらず、全体として一定のバランス、つまり恒常性の保たれる系」である。なぜ、常に流れているのに私は私、という自己同一性を保つことができるのか。これは今後の生物学の最も大きなテーマかもしれない。原理だけなら今でも説明することができる。

　生命は、すべての物質や細胞は互いに関係し合い、連絡をとり合いながらかたちづくられている。細胞の中のタンパク質同士も、相補的に組み合わさり、バランスをとっている。ジグソーパズルのようなもので、一つのピースが捨て去られても、周りのピースによってそのかたちは記憶されているというわけだ。ピースの位置は、接するピースの存在によって自然に決まる（図3）。だから、ピースは絶え間なく入れ替わっていても、パズル全体の絵柄は変わらない。こういう具合に、生命は同一性を保っている。また、生命のピースはとても柔軟で、もし欠落があれば周りのピースが少しずつ動きながら欠落を補って、新しい平衡をつくり出そうとする。だからGP2がノックアウトされても、マウスは生きていけたのだ。

　おもしろい絵がある。3歳くらいの子どもに、「人間の絵を描《か》いてごらん」というと、たいてい似たような絵になるのだ（図4）。顔に目、口、鼻をくっきりと描《えが》き、手足を頭にダイレクトにつけるから、教育用語では「頭足人」と呼ぶ。子どもらしく可愛《かわい》らしい絵だが、私はここに驚きを感じる。それは、たとえ小さな子どもであっても、体は頭、目、口、鼻、手足というパーツ（部品）から成り立っていると見なしているように思えるからだ。このような表現は機械論的な生命観から来るものなのだろう。動的平衡から見るとこれはおかしい。

図３　ジグソーパズル

図４　頭足人

例えば、ブラックジャックみたいに非常に優秀な医者が、ある人から別の人に鼻を移植しようと考えたとする。彼のメスは、果たしてどれくらい深くまでえぐっていけば、鼻をとり出すことができるだろうか。「鼻」とは決して、頭足人の顔にある三角形のパーツではない。鼻の穴には匂いを感じる細胞があり、そこから神経線維が脳に延び、さらにそれは脳から体の各部分につながっている。おいしそうな匂いをキャッチしたら近づいて食べるという行動が生み出されるし、硫化水素みたいな嫌な匂いがすれば、生命にとって危険という信号として受けとめ、呼吸を止めてそこから逃げ出そうとする。この一連の働きが、「鼻」の機能だ。だから機能だけをとり出すことは、たとえブラックジャックでも不可能。メスはどんどん奥へ行かざるをえず、結局は体全体が必要ということになる。

鼻や口、目、内臓や手足も、子どもが絵に描くようなばらばらのパーツで、工場でつくって寄り集めればでき上がるように思えるかもしれない。しかし、生命の成り立ちはそういうものではない。部分が独立して一つの機能を受け持っているのではなく、多かれ少なかれ周囲とつながり、関係し、協働しながら機能を発揮している。

だから、細胞は自分の位置や役割をあらかじめ知っているわけではない。DNAがあるじゃないかと思うかもしれないが、DNAには細胞の運命は書きこまれていない。プログラムではないし、命令でもない。単なるカタログブックなのだ。すべての細胞は同じカタログブックを持っている。その中から、そのときに応じた、自分に必要なものを呼び出しているだけだ。何が必要なのかは、上下左右前後の細胞とのコミュニケーションによって知らされる。

こうした考え方は、もともとは理科系の学問である生物学から導き出されたコンセプトだが、人間の集団や社会の仕組みにも拡張できるものかもしれない。大学で学生を見ていると、一所懸命自分探しをしている。自分が何者なのか、何ができるのか、と必死で模索している。皆さんもそうかもしれない。しかし、いくら探してもその答えは、自分自身の中にはない。答えは、自分と周りとの関係性の中にだけ存在している。細胞たちを見ていると、これが至って自然な考え方に思える。

ばらばらにならないための変化

ではなぜ生命は、変化しながら同一性を保つという、複雑で危うい方法をとっているのだろうか。もしがっしりとつくっていれば頑丈だし、故障しても部品を交換すればよいだけだ。生命はなぜそうはいかないのか。

宇宙の大原則として、「エントロピー増大の法則」があることを知っているだろうか。簡単に言えば、秩序あるものは必ず崩れる方向にしか時間は流れない、ということ。整理整頓《せいとん》した机の上も1週間もすればぐちゃぐちゃになるし、入れ立てのコーヒーもぬるくなるし、熱烈な恋愛も冷める。すべて、エントロピー増大の法則に従っていることだ。非常に高度な秩序を保つ必要がある生命現象にも、この法則は襲いかかってくる。

そこで、生命は最初から頑丈につくるやり方をあきらめた。というよりも、いくら頑丈につくっても、結局は崩壊してしまう。固い物質でつくられ容易に壊せないような機械も建物も、時間の前に滅び風化しないものはない。だからむしろ、柔軟に、ゆるゆるやわやわにしておいて、エントロピー増大の法則に先回りして、自ら壊してつくる、というやり方が、理にかなっているのだ。生命は、自分自身を入れ替え新しくし続けることによって、ばらばらに崩れる方向に向かう力を排除し、エントロピーを増大させようとする追っ手からなんとか逃げている。この自転車操業が、生命現象が動的平衡であるゆえんなのだ。ヒトであれば、だいたい80年間くらいは絶え間なく入れ替え続けることで長らえている。そして、エントロピー増大の法則にとらえられたときが、個体が死を迎えるときである。

生命を分節化する現代社会

連続した状態である動的平衡という本来の在り方に反して、現代社会では生命を機械に見立てて分断し、制御可能なものと考えがちだ。時間的な軸でも、人間の生命をこま切れにしようとしている。

端的な例が「脳死」と「脳始」だ。「脳死」は、脳が死ねばその体は死体と見なす考え方だ。死の瞬間を見極めることは、厳密にはできない。動かなくなったように見えても、実はその時点で体の細胞の大部分は生きていて、数時間かけて徐々に死んでいく。しかしどこかで線を引かなければならないため、心臓、肺、脳の機能停止をもって死、と判定していた。しかし医療技術の発達によって、三つの兆候では決めかねるようになった。そこで登場したのが脳死である。日本でも長い間いろいろな議論があったが、２００９年の夏、脳死が人の死だと法的に定義づけられた。

脳死は、新しい問題を生んでいる。脳が死ねば人の死であるなら、人が始まるのはどの時点なのか、という疑問である。そこで、脳が始まるときが人の始まる瞬間だと考えれば、脳死に整合性がとれる。これが「脳始」だ。脳は、受精して分裂を繰り返し細胞の塊になっても、実は全然できていない。受精後27週目ほどでようやく脳がかたちづくられ脳波が出始めるから、このときから人になる、と考える向きが出てきている。

「脳死」「脳始」の線引きがされるようになったのは、先端医療にとって好都合だからだ。脳が死ねば、その時点からは死体と見なされ、臓器をとり出せる。一方、脳始に至っていない状態は細胞の塊だから再生医療に使う材料を得ることができる。まだ人ではないから殺人には当たらないというわけだ。

結局のところ、先端医療は私たちの寿命を延ばしているわけではなく、むしろ両側から縮めてくれているわけだ。脳が始まるずっと前から動的平衡としての生命は始まり、脳が死んでもまだ動的平衡は止まらない。生命の始まりと終わりを決めるのは、本当は非常に難しいことなのだ。脳死と脳始のような考え方は、機械論的生命観がはらんでいる問題とも言える。

薬がもたらす効果とは

現在私たちの享受している医療技術は、機械論的生命観に基づいている。身近なところでは、薬がいい例だ。

そろそろ花粉症の季節だ。皆さんの中にも苦しんでいる人は多いだろう。私もひどい花粉症持ちで毎年おびえている。あまりに辛いときは病院へ駆けこむ。すると「抗ヒスタミン剤」を処方される。この薬は一体どのように花粉症を抑えているのだろうか。

スギ花粉が体内に入ると、それを感知する細胞Aが、外敵が侵入したことを知らせるために、一種の信号物質である「ヒスタミン」を放出する。細胞Bはヒスタミンレセプターを持っていて、ヒスタミンをキャッチする。これが次の信号となって、花粉を体から追い出すためにくしゃみや涙、鼻水を出すという反応を引き起こす。これが花粉症のメカニズムだ。対抗策は、機械論からするとわけはない。AとBの細胞の連絡を遮断すればいいだけだ。抗ヒスタミン剤はヒスタミンに似て非なるもので、ヒスタミンに先回りしてレセプター

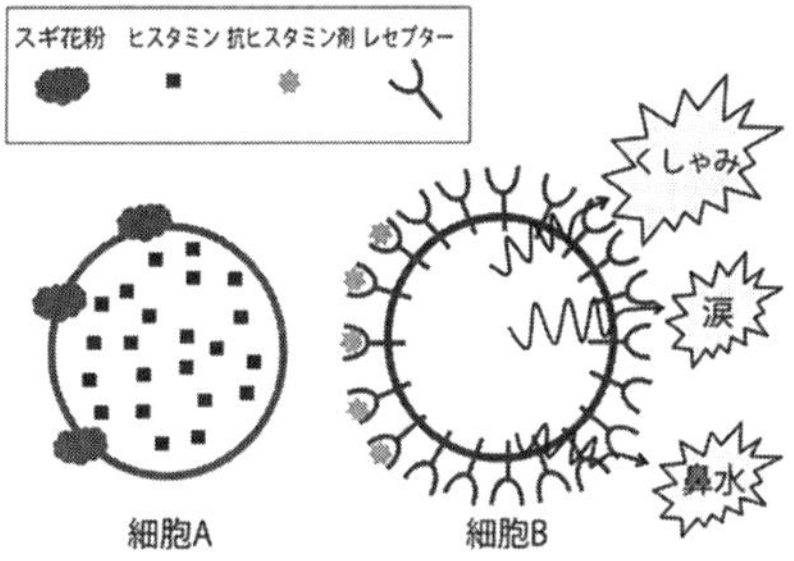

図５　花粉症の仕組みとヒスタミン

に貼りつき、ブロックする。ただし本物とは異なるので、先の反応を引き起こすことができない。この状態の体に、いざ花粉が入って本物のヒスタミンが放出されても、先客がいるので結合できず、症状は出ない。めでたしめでたし、となる。

ところがそれで済まないのが生命だ。動的平衡状態は、平衡点を求めながら絶え間なく変化している。何か欠落があればそれを補おうと動くし、干渉には対抗しようとする。押せば押し返すし、沈めようとすれば浮き上がってくる。だから、抗ヒスタミン剤に邪魔されっぱなし、ではないのだ。

いくらヒスタミンを出しても届かないので、細胞Aはさらに多くのヒスタミンを出す。細胞Bはブロックされているのでより多くのレセプターを準備する。ここに花粉がやってくるとどうなるか。ものすごい量のヒスタミンが放出されて、ものすごい量のレセプターに貼りつく。そして細胞Bは、指令通りにもっと過激なくしゃみや鼻水、涙を出すように働く。

薬を飲めば、その場はなんとかしのげる。私も、症状が激しいときは飲まざるをえない。そして薬を飲み続けていれば、ますます花粉に過敏な体に傾いていってしまう。これはほとんどすべての薬について言えることだ。麻薬を軽い気持ちで始めたら、だんだん量が増えてしまう。そのうち大量に必要になり、あげくには生命自体が脅かされてしまう。動的平衡状態が、薬に対して抵抗するからだ。生命は動的平衡状態だと考えれば、薬を飲めば飲むほど薬が必要になるという逆説は、体の自然な反応に過ぎない。

ＧＰ２の研究、その後

生命は動的平衡状態にあり、非常に柔軟で可変的、巧妙な性格を持っているが、もちろん万全ではなく、ある面から見ると非常に脆弱《ぜいじゃく》なものともいえる。

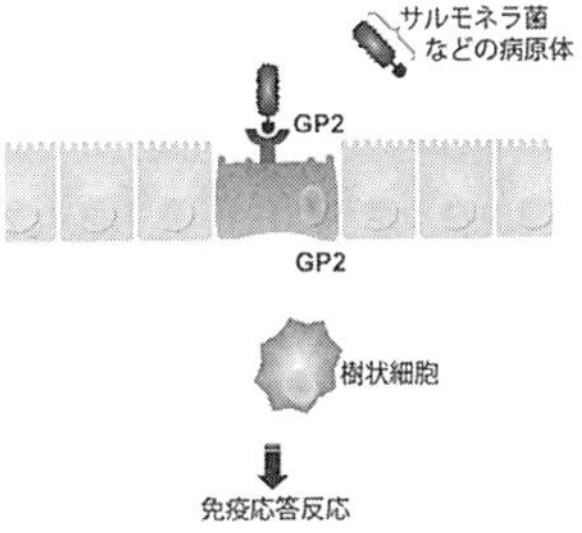

図６　GP2の役割

私が意気ごんで取り組んでいたＧＰ２の研究は、ノックアウトマウスに異常が見受けられず、挫折《ざせつ》していた。しかし、最近になって進展があった。ＧＰ２は細胞の外に突き出て何かを感知しようとしているタンパク質だが、その何かとは、食べ物に混じっている雑菌だったことがわかった。食べ物の中には、サルモネラ菌のような体に害のある菌もいる。これらの存在を確認し、免疫細胞に働きかけて体に闘う準備をするように促すのが、ＧＰ２の役割だったのだ（図６）。

ＧＰ２には免疫応答を起こすという重大な役割があるのに、

GP2ノックアウトマウスはなぜ異常をきたさず、ぴんぴんしていたのだろうか。動的平衡状態は、何か変化があれば適応するように動くものだから、GP2が欠落してしまった穴を他の遺伝子が補い、バックアップしていたのだろう。

それからもう一つ、私たちは、多大な時間とお金をかけてこのマウスをつくった。とても貴重なマウスで、死んでしまっては研究も一巻の終わりだから、はれものに触るようにそれはそれは大切に育てていた。無菌状態で与えていた食べ物も清潔なもの。真綿に包まれた、温室育ちだ。サルモネラ菌なんているはずがない。だからGP2がなくてもへっちゃらだった。

ここに動的平衡状態の「柔軟で可変的」という興味深い特徴が表れている。ある欠落があれば、なんとかしてそれを埋め合わせて、全体としては異常がないように組み上げる。ただし、これは極端な環境だから異常が見えなかっただけだった。もしこのGP2ノックアウトマウスを普通の環境で飼い、普通のエサを与えていれば、たちまち重大な感染症にかかってしまうだろう。

GP2の役割が見えてきたので、医療に役立つ可能性が出てきた。GP2の役割を利用して、注射をしなくてもウイルスの抗体をつくり出す経口ワクチンをつくれるかもしれないのだ。

ちなみに、GP2を捕まえてからここに至るまでに20年の歳月を要した。その間、私は手探りでやってきた。「何の役に立つのか」「何の意味があるのか」が世の中では求められがちで、基礎研究であってもその視点を無視できない。しかし研究の効用を見いだすのには非常に長い時間が必要。それが基礎研究の性《さが》なのだ。

今こそ大切な動的平衡の考え方

柔らかさ、可変性、そして全体としてのバランスを保つ機能が動的平衡の特徴だ。また、孤立して機能を持っているのではなく、それぞれが補完し合い相互作用することによって、機能や効果がもたらされる。

動的平衡は、生命同士が関係し合って成り立っている生態系、そして地球全体にも当てはまると思う。地球全体の物質の総量は、太古からそうは変化していない。単にぐるぐると回っているに過ぎず、回しているのはさまざまな生命活動だ。地球の上で絶え間なく、パスし合っているようなもの。そしてさまざまな生命体がそのことによってバランスをとり、コミュニケーションしながら、自分自身の位置を知り役割を果たすことで、統一が図られている。

・要素と機能は一対一にない
・要素は相補的に関係している
・部分がない
・変わらないために絶え間なく変わる

動的平衡の性格

細胞レベルでも同じだ。そしてそこには指揮者や命令役がいるわけではなく、ジグソーパズルのように広がって、全体として調和している。

つまり、全体の流れを理解することが大切だ。近年注目されている環境問題についても同じように考えられる。温室効果ガスの代表である二酸化炭素は、悪者扱いされているがもちろん毒でもゴミでもない。動物は生命活動の結果として多くの二酸化炭素を排出する。それを植物が吸収し、光合成によって再び動物が利用できるかたちにつくり変えている。これが地球上の大循環の中の一部分だ。この循環が滞りなく回っていれば、問題はない。ところが人間が排出する二酸化炭素が、吸収のスピードを上回るほど過剰になっていることが問題なのだ。だから、部分だけをとり出したり機械として考えるのではなく、流れとして理解しなければ意味がない。

生命は、流れながら、自分自身を分解し、つくり変え続けている。その理由は、生命活動という秩序を維持するためだ。変わらないために、絶え間なく変わる。一見逆説的にも思えるこの状態こそが生命の本質だ。そして生命だけでなく私たち個人の一生についても言えるし、さらに生命の長い進化の歴史についても同じことだと思う。地球上で奇跡的に生命現象が立ち上がってから現在に至る38億年もの間、少しずつ変わりながら、平衡状態を保っている。

動的平衡は、私がつくった言葉ではないし、新しい概念というわけでもない。世界が絶え間なく流れているということは、古代ギリシアのヘラクレイトスの時代から言われているし、鴨長明《かものちようめい》の『方丈記』の冒頭にもそう書かれている。科学はほんの少し精密な言葉で言い直しただけで、本質的には古代から言い継がれてきたことと何も変わらないはずだ。ただ現代社会ではその真理が、あまりにも機械論的なものの見方の前に忘れ去られてしまっている。だから今、動的平衡に光を当て、問い直してみることの意味は大きいと思う。

◎若い人たちへの読書案内

科学に興味のある人は、科学の知識を学ぶだけでなく、科学史をひもとくことを薦めたい。その知見がいったいどんな人たちの、どのような切実な問いかけの中で発見されてきたのか。そのこと自体が科学のドラマとなる。たとえば**ニック・レーン**著、**斉藤隆央**訳『**ミトコンドリアが進化を決めた**』(みすず書房)。教科書には、ミトコンドリアとは細胞内の呼吸をつかさどる、と説明されているだけだが、いったい誰が最初にこれを見つけたのか。この変な名前の由来は? 細胞「内」の呼吸とは、普通の呼吸と何がどう違うのか……本書はミトコンドリアの発見史から始まってスター・ウォーズまでを語りつくす。

上手に科学を語ってくれる科学者の本もよい。そこにはおのずと科学史＝時間軸がある。たとえば私の好きな著者に**スティーヴン・グールド**がいる。上手に科学を語るとは、自分が科学を理解してきたプロセス(理解した喜び)をきちんと文章で伝えられる才能、ということ。グールドの代表作は、

『**ワンダフル・ライフ**』(ハヤカワ文庫)

――カンブリア紀に大発展した生物の進化を語る。

『人間の測りまちがい』(河出書房新社)
——過去、人類が陥ってきた科学的偏見について問いなおす。
『パンダの親指』(ハヤカワ文庫)など。

グールドが読めたら、今度は、グールドの永遠のライバル、**リチャード・ドーキンス**を読んでみよう。生物は遺伝子の乗り物にすぎない、と断言した『**利己的な遺伝子**』(紀伊國屋書店)は今でも名著。信奉者も多い。進化の捉え方についての、グールド対ドーキンスの論争を語れるようになったらまた会おう。世間的には、ドーキンスが勝ったことになっているけれど、私はグールドを支持しています。

最近読んで面白かったのは、**中垣俊之**著『**粘菌　偉大なる単細胞が人類を救う**』(文春新書)。ノーベル賞の物語だけが科学じゃない。著者は二度もイグ・ノーベル賞に輝いた粘菌の研究者。単細胞生物が複雑な迷路を解く。不思議な生物の探求を通して、研究の現場や科学のあり方を生き生きと描き出すことに成功した好著。

◎初出一覧

村上陽一郎「科学の二つの顔」　『「こころ」とのつきあい方』二〇一二年

中村桂子「生命誌（Biohistory）という知――生命論的世界観の中で」　『「こころ」とのつきあい方』二〇一二年

佐藤勝彦「宇宙の誕生と進化――現代物理学の描く創世記」　『学問のツバサ』二〇〇九年

高薮縁「宇宙から観る熱帯の雨――衛星観測のひもとくもの」　『未来コンパス』二〇一〇年

西成活裕「社会の役に立つ数理科学」　『問いかける教室』二〇一三年

長谷川眞理子「ヒトはなぜヒトになったか」　『未来コンパス』二〇一〇年

藤田紘一郎「「共生の意味論」きれい社会の落とし穴――アトピーからガンまで」　『未来コンパス』二〇一〇年

福岡伸一「生命を考えるキーワード　それは〝動的平衡〟」　『未来コンパス』二〇一〇年

ともに、水曜社刊

※本書は、これらを底本とし、テーマ別に抜粋、再編集したものです。各章末の「若い人たちへの読書案内」は、本書のための書き下ろしです。

大好評既刊

何のために「学ぶ」のか〈中学生からの大学講義〉1

大事なのは知識じゃない。
正解のない問いに直面したときに、
考え続けるための知恵である。
変化の激しい時代を生きる若い人たちへ、
学びの達人たちからのメッセージ。

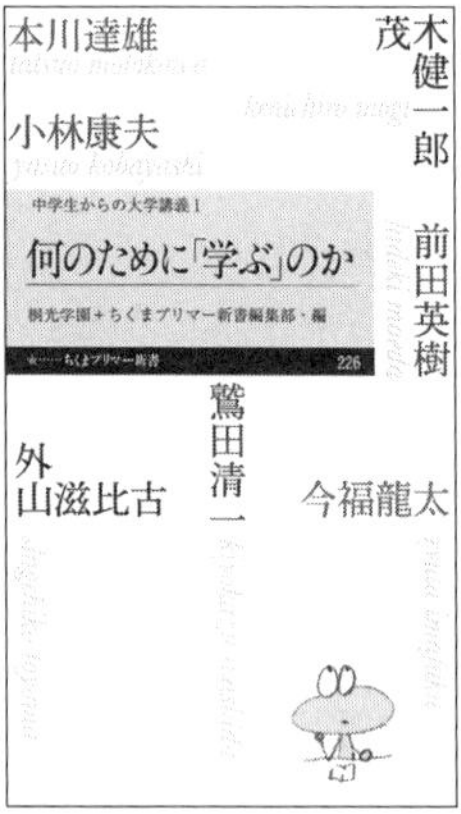

ISBN 978-4-480-68931-3

ちくまプリマー新書226

大好評既刊

考える方法〈中学生からの大学講義〉2

世の中には、言葉で表現できないことや
明確に答えられない問題がたくさんある。
簡単に結論に飛びつかないために、
考える達人たちが、
物事を解きほぐすことの豊かさを伝える。

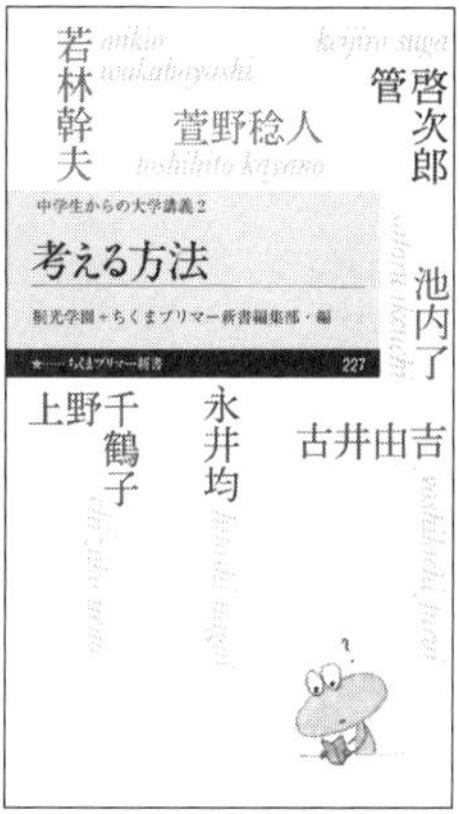

ISBN 978-4-480-68932-0

ちくまプリマー新書 227

大好評既刊

揺らぐ世界〈中学生からの大学講義〉4

紛争、格差、環境問題……。
世界はいまも多くの問題を抱えて揺らぐ。
これらを理解するための視点は、
どうすれば身につくのか。
多彩な先生たちが示すヒント。

ちくまプリマー新書229

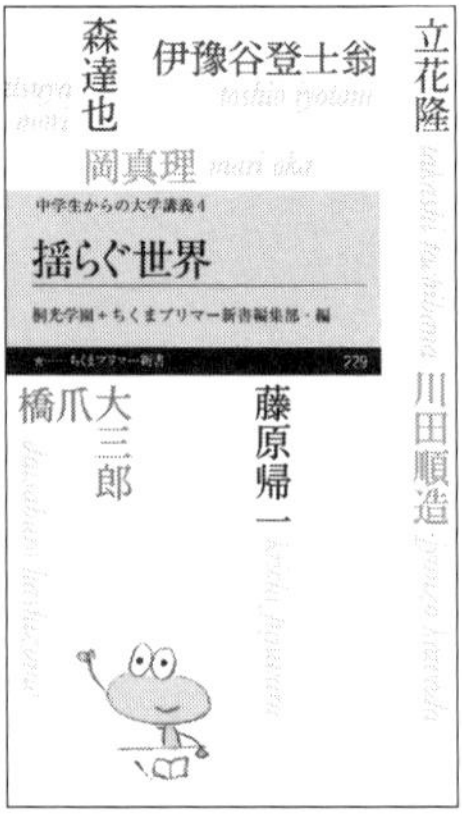

ISBN 978-4-480-68934-4

大好評既刊

生き抜く力を身につける〈中学生からの大学講義〉5

ちくまプリマー新書 230

宮沢章夫　大澤真幸　北田暁大　鷲飼哲　阿形清和　西谷修　多木浩二

ISBN 978-4-480-68935-1

いくらでも選択肢のあるこの社会で、私たちは息苦しさを感じている。既存の枠組みを超えてきた先人達から、見取り図のない時代を生きるサバイバル技術を学ぼう！

ちくまプリマー新書 228
科学《かがく》は未来《みらい》をひらく 〈中学生《ちゅうがくせい》からの大学講義《だいがくこうぎ》〉 3

二〇一五年三月十日 初版第一刷発行
二〇二四年三月十日 初版第十二刷発行

著者 村上陽一郎（むらかみ・よういちろう）／中村桂子（なかむら・けいこ）
佐藤勝彦（さとう・かつひこ）／高薮縁（たかやぶ・ゆかり）
西成活裕（にしなり・かつひろ）／長谷川眞理子（はせがわ・まりこ）
藤田紘一郎（ふじた・こういちろう）／福岡伸一（ふくおか・しんいち）

編者 桐光学園＋ちくまプリマー新書編集部
装幀 クラフト・エヴィング商會
発行者 喜入冬子
発行所 株式会社筑摩書房
東京都台東区蔵前二―五―三 〒一一一―八七五五
電話番号 〇三―五六八七―二六〇一（代表）
印刷・製本 株式会社精興社

ISBN978-4-480-68933-7 C0240 Printed in Japan
©MURAKAMI YOICHIRO, NAKAMURA KEIKO, SATO KATSUHIKO, TAKAYABU YUKARI, NISHINARI KATSUHIRO, HASEGAWA MARIKO, FUJITA KOICHIRO, FUKUOKA SHINICHI 2015

乱丁・落丁本の場合は、送料小社負担でお取り替えいたします。

本書をコピー、スキャニング等の方法により無許諾で複製することは、法令に規定された場合を除いて禁止されています。請負業者等の第三者によるデジタル化は一切認められていませんので、ご注意ください。